Dr. Dhwani Bartwal

BIO-DRAINAGEM: UMA TÉCNICA ECOLÓGICA PARA COMBATER O ALAGAMENTO

Dr. Dhwani Bartwal

BIO-DRAINAGEM: UMA TÉCNICA ECOLÓGICA PARA COMBATER O ALAGAMENTO

Desbloquear a solução natural: Bio-drenagem - Aproveitamento de técnicas ecológicas para combater os alagamentos

ScienciaScripts

Imprint

Cover image: www.ingimage.com

This book is a translation from the original published under ISBN 978-620-7-65014-9.

Publisher:
Sciencia Scripts
is a trademark of
Dodo Books Indian Ocean Ltd. and OmniScriptum S.R.L publishing group

120 High Road, East Finchley, London, N2 9ED, United Kingdom
Str. Armeneasca 28/1, office 1, Chisinau MD-2012, Republic of Moldova, Europe
Printed at: see last page
ISBN: 978-620-7-70612-9

BIO-DRAINAGEM: UMA TÉCNICA ECOLÓGICA DE COMBATE AO ENCHARCAMENTO

CONTEÚDO

INTRODUÇÃO

- A agricultura de regadio, que cobre cerca de 17% da área cultivada total do mundo, contribui para 40% da produção total de alimentos.
- Também na Índia, apenas um terço da área irrigada produz dois terços dos géneros alimentícios.

- Durante este período, o potencial líquido de irrigação aumentou de 95 milhões de hectares (Mha) para 260 Mha no mundo e de 22,5 Mha para 57 Mha na Índia
- No entanto, a introdução da irrigação por canal em regiões áridas e semi-áridas provoca a subida do lençol freático, levando ao alagamento e à salinização secundária.
- Globalmente, cerca de 10% da área terrestre é afetada pelo alagamento (Setter e Waters, 2003) e mais de 6% pela salinidade (Anonymous, 2008)
- Uma área adicional de 1,5 Mha de terras irrigadas é perdida anualmente devido ao alagamento e à salinização secundária (Anónimo, 2016)
- Os solos salinos alagados, para além da degradação ambiental, resultam na redução do rendimento das culturas em até 80% (Shabala, 2011)

- Na Índia, a perda anual de culturas devido ao alagamento foi estimada em mais de 2 milhões de toneladas (ICRISAT, 2009)
- Os solos salinos gravemente alagados ocorrem em cerca de 2 milhões de hectares nos estados áridos/semiáridos do noroeste do Punjab, Haryana, Rajasthan e Gujarat e em 1 milhão de hectares cada um nas regiões costeiras e de vertisol de algodão negro da Índia (Anónimo, 2015)
- Prevê-se que, até 2025, cerca de 13 milhões de hectares de área nos comandos de irrigação da Índia sejam afectados pelo alagamento e pela salinidade do solo (Anonymous, 2015).
- Os solos salinos alagados, para além da degradação ambiental, resultam em fracos rendimentos das culturas, reduzindo-os em cerca de 80% (Shabala, 2011) e, finalmente, no abandono do cultivo da terra.

LOCAÇÃO DE ÁGUA

O encharcamento refere-se à saturação do solo com água, normalmente devido a precipitação excessiva ou a uma drenagem deficiente. Quando o solo fica encharcado, torna-se excessivamente saturado, dificultando o acesso das plantas ao oxigénio, o que pode levar ao apodrecimento das raízes e a outros problemas. O encharcamento pode também causar erosão, perturbar as actividades agrícolas e criar locais de reprodução para mosquitos e outras pragas. É um problema comum em zonas com chuvas fortes ou sistemas de drenagem inadequados.

RAZÕES PARA O ALAGAMENTO

O alagamento é um problema muito importante no que respeita à produção agrícola. Os agricultores que têm o problema do alagamento nos seus campos enfrentam muitos problemas na produção da cultura. Para uma gestão adequada do alagamento, é importante conhecer a causa exacta do alagamento.

Se a causa real e adequada do alagamento for conhecida, então a gestão do mesmo tornar-se-á fácil. Se a causa real do alagamento não for conhecida, então surgirão problemas para os agricultores, apesar de fazerem a gestão.

Por isso, é muito importante conhecer as razões do alagamento. Tendo isto em consideração, as principais causas ou razões do alagamento são discutidas abaixo.

1. **Causas naturais:**

O aluimento de água devido a características inerentes ou a alguma força da natureza é regido pelas causas naturais do aluimento de água.

a. **Situação geográfica e física**: A situação geográfica e física de uma zona pode contribuir para os alagamentos. Por exemplo, as zonas baixas ou as regiões com topografia plana são mais propensas ao encharcamento porque a água tende a acumular-se em depressões ou zonas com drenagem natural deficiente. Para além disso, as zonas com solos argilosos impermeáveis ou com panos duros perto da superfície podem também sofrer de encharcamento devido à limitada infiltração e drenagem da água.

b. **Declive:** O declive do terreno influencia o movimento da água e os padrões de drenagem. As zonas com declives planos ou suaves podem registar um escoamento e drenagem mais lentos da água, levando à acumulação de água e a potenciais encharcamentos. Pelo contrário, os declives acentuados podem aumentar a velocidade de escoamento da água, reduzindo o risco de encharcamento, mas podendo conduzir à erosão e à perda de solo se não forem corretamente geridos.

c. **Capacidade de retenção de água:** A capacidade de retenção de água do solo determina a sua capacidade de retenção de água. Os solos com elevado teor de argila tendem a ter maior capacidade de retenção de água e são mais propensos a encharcamento, uma vez que retêm a água durante períodos mais longos e podem não drenar bem. Por outro lado, os solos arenosos têm menor capacidade de retenção de água e, normalmente, drenam mais livremente, reduzindo o risco de encharcamento.

d. Características do fluxo de água: As características do fluxo natural das massas de água, tais como rios, ribeiros e águas subterrâneas, podem influenciar o alagamento. Por exemplo, as áreas localizadas perto de rios ou planícies aluviais podem registar alagamentos durante períodos de precipitação elevada ou inundações, quando os níveis de água sobem e inundam as terras circundantes. Do mesmo modo, níveis elevados de água subterrânea ou uma drenagem natural deficiente podem contribuir para o alagamento em zonas baixas.

2. Causas artificiais:

O alagamento que surge devido a alguns factores criados pelo homem é regido pelas causas artificiais do alagamento.

a. Infiltração de reservatórios e canais: O alagamento pode ocorrer devido à infiltração de reservatórios, canais ou sistemas de irrigação. As fugas ou infiltrações de reservatórios, canais ou canais de irrigação mal mantidos podem resultar na acumulação de água em excesso em áreas próximas, levando ao alagamento. Esta situação pode ser exacerbada por um revestimento ou vedação inadequados das estruturas de transporte de água, permitindo que a água se escape e sature os solos circundantes.

b. Irrigação excessiva: Práticas de irrigação excessivas ou ineficientes podem contribuir para o encharcamento, adicionando mais água ao solo do que aquela que este pode absorver ou drenar. A sobre-irrigação pode resultar de uma programação incorrecta, taxas de aplicação excessivas ou infra-estruturas de drenagem inadequadas. Como resultado, a água acumula-se na zona das raízes, levando ao encharcamento, à saturação do solo e a potenciais danos ou perdas de culturas.

c. Não eliminação do excesso de água: A não gestão eficaz do excesso de água, como o escoamento de chuvas fortes ou a irrigação, pode contribuir para o encharcamento. Infra-estruturas de drenagem inadequadas ou um nivelamento incorreto do terreno podem impedir que o excesso de água seja descarregado ou removido dos campos, levando ao alagamento e à saturação do solo. Esta situação pode ocorrer tanto em zonas agrícolas como urbanas onde os sistemas de gestão das águas pluviais são insuficientes ou mal mantidos.

A resolução do problema dos alagamentos exige uma compreensão global das causas subjacentes, naturais ou artificiais, e a aplicação de estratégias de gestão adequadas para atenuar os seus impactos. Estas podem incluir a melhoria da drenagem natural, a otimização das práticas de irrigação, o reforço das infra-estruturas de drenagem e a aplicação de práticas sustentáveis de gestão dos solos para prevenir ou atenuar os alagamentos nas zonas afectadas.

Efeito do alagamento

O encharcamento, uma condição caracterizada pela saturação do solo com excesso de água, coloca desafios significativos à produtividade agrícola, à sustentabilidade ambiental e ao bem-estar socioeconómico. Quando o solo fica encharcado, restringe o movimento do ar, limita a respiração das raízes, reduz a absorção de nutrientes e promove a acumulação de substâncias nocivas. Este facto impede o crescimento das plantas, diminui o rendimento das culturas e aumenta o risco de erosão e degradação do solo. Além disso, o encharcamento pode levar à perda de terras aráveis, agravar os problemas de qualidade da água e afetar as comunidades locais dependentes da agricultura. A compreensão dos efeitos do alagamento é crucial para a aplicação de estratégias de atenuação eficazes e para a promoção de sistemas agrícolas resilientes face à alteração das condições climáticas e às pressões de utilização dos solos.

Assim, conhecer o efeito do encharcamento é muito importante do ponto de vista da produção de culturas. Alguns dos principais efeitos do alagamento são discutidos a seguir.

Salinização: O encharcamento pode exacerbar a salinização, especialmente em áreas onde as águas subterrâneas salinas sobem à superfície. Quando o solo fica encharcado, as taxas de evaporação diminuem, levando à acumulação de sais no solo. Com o tempo, isto pode aumentar a salinidade do solo para níveis prejudiciais ao crescimento das plantas.

Falta de arejamento: O encharcamento impede o movimento do ar no solo, resultando em níveis reduzidos de oxigénio. O oxigénio é essencial para a respiração das raízes e outros processos importantes do solo. Sem oxigénio suficiente, as raízes sufocam, levando à redução da absorção de nutrientes e ao declínio geral da saúde das plantas.

Temperatura do solo: Os solos encharcados tendem a ter temperaturas mais baixas do que os solos bem drenados. Isto deve-se ao facto de a água ter uma capacidade térmica específica mais elevada do que o solo, o que significa que é necessária mais energia para aquecer a água do que o solo. As temperaturas frias do solo podem abrandar os processos biológicos cruciais para o crescimento das plantas, como o ciclo de nutrientes e a atividade das raízes.

Ervas daninhas e plantas aquáticas: As condições de alagamento criam ambientes favoráveis ao crescimento de ervas daninhas e plantas aquáticas. Estas plantas podem competir com as culturas por recursos como a luz, a água e os nutrientes, reduzindo o rendimento das culturas. Além disso, a presença de ervas daninhas e plantas aquáticas pode dificultar as operações agrícolas e tornar mais difícil a gestão dos campos.

Doenças das culturas: Os solos encharcados criam condições propícias ao desenvolvimento e à propagação de várias doenças das plantas. Os agentes patogénicos fúngicos, em particular, prosperam em ambientes alagados onde os níveis de humidade são elevados. Doenças como a podridão radicular, o amortecimento e várias doenças fúngicas das folhas são comuns em campos alagados, levando à redução do rendimento e da qualidade das culturas.

Restrição do crescimento das raízes: O encharcamento restringe o crescimento das raízes, limitando a disponibilidade de oxigénio e causando stress fisiológico nas raízes das plantas. Em resposta às condições de encharcamento, as raízes podem tornar-se atrofiadas, malformadas ou deterioradas. A restrição do crescimento das raízes reduz a capacidade da planta para absorver água e nutrientes do solo, agravando ainda mais as deficiências de nutrientes e o stress geral das plantas.

PROPRIEDADES DO SOLO ENCHARCADO

1. Propriedades físicas

Depleção de oxigénio: O solo encharcado sofre uma depleção de oxigénio devido à falta de bolsas de ar e à redução das trocas gasosas entre o solo e a atmosfera. O oxigénio é crucial para vários processos biológicos e químicos no solo, incluindo a respiração das raízes e as actividades dos microrganismos do solo. Sem oxigénio suficiente, os organismos aeróbicos não podem desenvolver-se, o que leva a uma mudança para condições anaeróbicas.

Acumulação de CO2: Em solos encharcados, a decomposição da matéria orgânica passa de condições aeróbicas para anaeróbicas. A decomposição anaeróbia produz dióxido de carbono (CO2) como subproduto, que se acumula no solo. Níveis elevados de CO2 podem agravar ainda mais o esgotamento do oxigénio, criando um ciclo de feedback em que a disponibilidade de oxigénio diminui enquanto os níveis de CO2 aumentam.

Compactação: O solo encharcado é mais propenso à compactação devido ao peso e à pressão exercidos pelas condições de encharcamento. Quando o solo fica saturado de água, os espaços entre as partículas do solo são preenchidos com água em vez de ar. Isto reduz a capacidade do solo para suportar o peso e aumenta a sua suscetibilidade à compactação por forças externas, como máquinas ou tráfego pedonal. O solo compactado tem um espaço poroso reduzido, limitando a infiltração de água, a penetração das raízes e as trocas gasosas.

Diminuição do coeficiente de difusão dos gases: O coeficiente de difusão dos gases num solo encharcado diminui em comparação com um solo bem arejado. Isto deve-se ao facto de o movimento dos gases através dos poros do solo ser dificultado pela presença de água. Consequentemente, gases como o oxigénio e o dióxido de carbono difundem-se mais lentamente através do solo encharcado, contribuindo para o esgotamento do oxigénio e a acumulação de CO2.

2. Propriedades biológicas

Redução da atividade microbiana aeróbia: A atividade microbiana aeróbia refere-se aos processos metabólicos realizados por microrganismos na presença de oxigénio. Nos solos encharcados, os níveis de oxigénio são reduzidos devido a um arejamento deficiente, o que leva a uma diminuição da atividade microbiana aeróbia. Muitos microrganismos aeróbicos, como as bactérias e os fungos, necessitam de oxigénio para realizar funções essenciais como a decomposição da matéria orgânica, o ciclo dos nutrientes e a formação da estrutura do solo. À medida que o oxigénio se torna limitado, as populações microbianas aeróbias diminuem, afectando a fertilidade do solo e as taxas de renovação da matéria orgânica.

Mineralização: A mineralização é o processo biológico pelo qual a matéria orgânica é decomposta em formas inorgânicas, libertando no solo nutrientes como o azoto, o fósforo e o enxofre. Este processo é mediado pela atividade microbiana, principalmente por bactérias e fungos aeróbicos. Em solos encharcados, as taxas de mineralização são frequentemente reduzidas devido à disponibilidade limitada de oxigénio. Como resultado, a decomposição da matéria orgânica abranda, levando à acumulação de resíduos orgânicos e a uma diminuição da disponibilidade de nutrientes para absorção pelas plantas.

Imobilização: A imobilização é o processo oposto à mineralização, em que os microrganismos do solo incorporam nutrientes da solução do solo na sua biomassa, imobilizando-os temporariamente e tornando-os indisponíveis para a absorção pelas plantas. Em solos encharcados, certas populações microbianas podem sofrer processos metabólicos anaeróbicos que resultam na imobilização de nutrientes como o azoto. Isto ocorre porque os microrganismos anaeróbicos utilizam aceitadores de electrões alternativos, como o nitrato ou o sulfato, na ausência de oxigénio, levando à imobilização destes nutrientes na biomassa microbiana. Consequentemente, as plantas podem sofrer deficiências de nutrientes apesar da presença de nutrientes no solo, afectando ainda mais a produtividade das culturas.

3. Propriedade eletroquímica

pH do solo: O pH do solo é uma medida da acidez ou alcalinidade do solo e é determinado pela concentração de iões de hidrogénio (H+) na solução do solo.

As condições de encharcamento podem influenciar o pH do solo de várias formas. Em ambientes anaeróbicos, como os solos alagados, a atividade microbiana passa para a respiração anaeróbica, levando à produção de ácidos orgânicos e outros compostos que podem baixar o pH do solo. Além disso, os solos alagados podem sofrer a redução de certos minerais, como os óxidos de ferro e de manganês, que podem libertar iões de hidrogénio, baixando ainda mais o pH do solo. Em consequência, os solos encharcados têm frequentemente valores de pH mais baixos do que os solos bem drenados. As alterações do pH do solo podem afetar a disponibilidade de nutrientes, a atividade microbiana e o crescimento das plantas, influenciando a fertilidade e a produtividade globais do solo.

Condutividade eléctrica (CE): A condutividade eléctrica é uma medida da capacidade do solo para conduzir corrente eléctrica e é influenciada pela concentração de sais solúveis dissolvidos na solução do solo. O encharcamento pode afetar a condutividade eléctrica do solo de várias formas. Em solos encharcados, a falta de drenagem pode levar à acumulação de sais, incluindo sódio, cloreto e sulfatos, no perfil do solo. À medida que a água se evapora da superfície do solo, estes sais podem concentrar-se na solução do solo, aumentando a condutividade eléctrica. Além disso, as condições anaeróbicas em solos encharcados podem promover a redução de certos minerais, como o sulfato, levando à libertação de iões solúveis e aumentando ainda mais a condutividade eléctrica. Níveis elevados de condutividade eléctrica podem ter um impacto negativo na estrutura do solo, no crescimento das plantas e na absorção de nutrientes, bem como indicar potenciais problemas de salinidade no solo.

4. Propriedade química

Redução do solo: A redução do solo refere-se às reacções de redução que ocorrem em condições de solo encharcado ou anaeróbico. Nestes ambientes, o oxigénio é limitado, levando ao esgotamento da respiração aeróbica e à prevalência de processos microbianos anaeróbicos. Os microrganismos anaeróbios utilizam aceitadores de electrões alternativos, como o nitrato (NO^{3-}), o sulfato ($^{SO42-}$) e o ferro (Fe^{3+}), em vez do oxigénio durante a respiração. Como resultado, ocorrem reacções de redução que levam à conversão de formas oxidadas de elementos em formas reduzidas. Por exemplo, o nitrato pode ser reduzido a nitrito (NO^{2-}) e posteriormente a amoníaco (NH3), o sulfato pode ser reduzido a sulfureto (H2S) e os óxidos de ferro podem ser reduzidos a ferro ferroso (Fe^{2+}). Estas reacções de redução podem ter implicações significativas na química do solo e no ciclo de nutrientes. Por exemplo, a redução dos óxidos de ferro pode levar à libertação de ferro solúvel e à formação de condições anaeróbias conducentes à produção de metano (CH4) e de outros gases com efeito de estufa.

Toxicidade de micronutrientes: Condições de solo encharcado podem exacerbar os problemas de toxicidade de micronutrientes, particularmente para elementos como o ferro (Fe), o manganês (Mn) e o alumínio (Al). Em ambientes anaeróbicos, a redução dos óxidos de ferro e de manganês liberta formas solúveis destes elementos na solução do solo. Altas concentrações de ferro e manganês solúveis podem levar a problemas de toxicidade para as plantas, inibindo o crescimento das raízes, a absorção de nutrientes e a saúde geral das plantas. Além disso, a redução de óxidos de ferro pode aumentar a disponibilidade de ferro ferroso, o que pode contribuir para a toxicidade do ferro em espécies de plantas sensíveis. Do mesmo modo, a redução dos óxidos de alumínio pode libertar iões de alumínio solúveis, que são tóxicos para as raízes das plantas e podem inibir o desenvolvimento das raízes e a absorção de nutrientes. A toxicidade dos micronutrientes pode variar em função do pH do solo, do teor de matéria orgânica e da sensibilidade das espécies vegetais, mas as condições de alagamento podem exacerbar estes problemas, alterando a química do solo e a disponibilidade de nutrientes.

Quadro 1 : Classificação do lençol freático, Reddy e Reddy (2018)

Categoria	Profundidade do lençol freático (m)
Zona alagada	< 2
Áreas potenciais de encharcamento	2 - 3
Áreas seguras	> 3

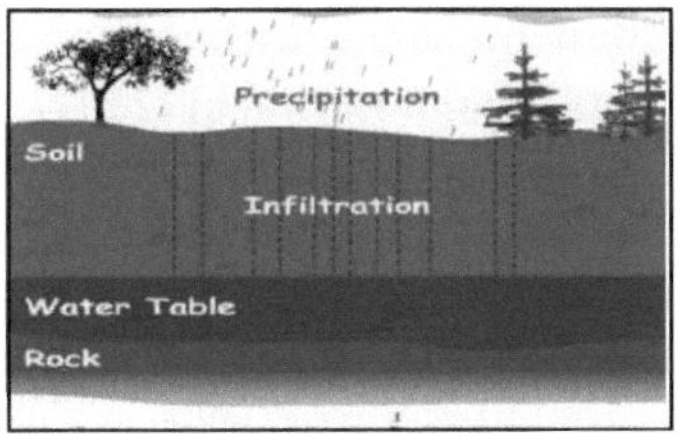

Reddy e Reddy, em 2018, categorizaram a área alagada com base na profundidade do lençol freático (m). A profundidade do lençol freático num determinado local é um parâmetro muito importante que influencia o estado de alagamento. A partir da tabela acima, podemos observar que a profundidade do lençol freático superior a 3 é segura, enquanto a profundidade do lençol freático inferior a 2 causará o problema de alagamento na área de terra em causa. As áreas onde a profundidade do lençol freático se situa entre 2 e 3 metros são as áreas potenciais de alagamento. A partir dos dados acima, podemos concluir que, se conhecermos a profundidade do lençol freático em metros de uma área, podemos saber quais são as probabilidades de ter alagamento. Se as probabilidades forem elevadas, podem ser tomadas medidas adequadas a tempo de minimizar os efeitos nocivos que podem surgir devido ao alagamento.

Tabela 2: Profundidade óptima do lençol freático para as culturas, Reddy e Reddy (2018)

Cultura	Profundidade do lençol freático (cm)
Arroz	20
Trigo	100 - 120
Milho	75 - 100
Cevada	125 - 150
Sorgo	75
Milho de pérola	100 - 125
Soja	125 - 150
Feijão-frade	125
Ervilhas	50 - 75
Amendoim	60 - 75

Reddy e Reddy, em 2018, realizaram uma investigação e publicaram os dados relativos à profundidade óptima do lençol freático das principais culturas. Isto ajudará a identificar a cultura adequada em diferentes áreas com diferentes profundidades do lençol freático.

Quadro 3: Perda de rendimento das culturas devido a terras afectadas pelo sal e alagadas, Joshi (2004)

Cultura	Terras normais (t/ha)	Afetado pelo sal terras(t/ha)	Terras alagadas (t/ha)
Paddy	3.99	2.18 (45%)	2.30 (42%)
Trigo	2.60	1.58 (40%)	1.86 (38%)
Algodão	1.63	0.61 (63%)	0.37 (77%)
Cana-de-açúcar	6.37	3.30 (48%)	24.8 (61%)

Joshi, em 2004, relatou a perda causada à cultura devido ao cultivo em condições de alagamento. O rendimento da cultura quando cultivada em terra normal e o rendimento da mesma cultura cultivada em algum solo problemático terá uma diferença muito grande.

Quando os rendimentos são comparados para a mesma cultura, a maior perda de rendimento é observada quando cultivada em terras com água, seguida por solos afectados por sal.

Quadro 4 : Subida do lençol freático nas principais zonas de comando da Índia, Anónimo (2018)

Comando de irrigação	Subida do nível freático (m/ano)
IGNP, Rajastão	0.29 - 0.88
Canal ocidental do Yamuna e do Bhakra	0.30 - 1.00
Sharda Sahayak, U.P.	0.68
Nagarjuna Sagar, A.P.	0.32
Comando do canal de Malaprabha, Karnataka	0.60-1.20

Após uma investigação, um grupo de pessoas apresentou dados sobre a subida do nível do lençol freático (m/ano) nas principais zonas de comando da Índia. De acordo com os dados publicados, a maior subida do nível freático regista-se na zona de comando do canal de Malaprabha, em Karnataka, bem como em **Sharda** Sahayak, em Uttar Pradesh.

Quadro 5 : Extensão das zonas alagadas na Índia, Anónimo (2016)

Estado	Geográfico área (000 ha)	Área alagada (ha)		
		Perene	Sazonal	Total
Andhra Pradesh	27504	25812	2455	28267
Bihar	9416	61666	566222	627888
Gujarat	19602.400	49660	215600	265260
Haryana	4421.200	3.87	13172	16459
Himachal Pradesh	5567.300	6	255	261
Jammu e Caxemira	5567.300	380	3590	3970
Kerala	19179.100	2436	9894	12330
Maharashtra	30771.300	11306	415102	426408
Estados da região N-E	26217.900	930	2564	2657
Punjab	5036.200	1623	33347	34970
Rajastão	34223.900	715	7698	8409
Tamil Nadu	13005.800	1290	31228	32518
Uttar Pradesh	24092.800	11295	115386	126681
Bengala Ocidental	8875.200	1675	44722	46397

Em 2016, um grupo de cientistas divulgou a extensão das zonas alagadas na Índia. De acordo com este relatório, Bihar tem a maior extensão de áreas alagadas. A utilização excessiva das águas subterrâneas e a vasta rede de canais conduziram ao alagamento e à salinidade dos solos em muitas partes de Bihar. Segue-se Gujarat, o que pode ser atribuído ao facto de Gujarat ter a linha costeira mais longa da Índia, com 1700 km.

Quadro 6 : Áreas alagadas por área de comando em Gujarat ('000 ha) , Patil et al. (2013)

Área de comando	Profundidade do lençol freático (m)	
	< 1.5	1.5- 3.0
Kakrapar	11.46	66.00
Ukai margem direita	2.15	21.00
Margem esquerda de Ukai	2.04	13.08
Mahi	3.94	28.80
Kadana	0.80	5.05
Shetrunj	0.02	5.54
Ghed	69	-
Total	89.41	139.56

Em 2013, Patil e os seus colaboradores apresentaram um relatório sobre as zonas de alagamento da área de comando em Gujarat. De acordo com os resultados por eles comunicados, a área de comando de Kakrapar é a que regista a maior área de alagamento em Gujarat. A razão pode ser o solo deste local, que se situa na ordem dos Inceptisols e do subgrupo Vertic Ustochrepts. Trata-se de um solo argiloso profundo e moderadamente drenado que contém predominantemente minerais montmoriloníticos. A capacidade de retenção de água destes solos é muito elevada, o que faz com que o aluimento de água se torne mais proeminente.

Quadro 7: Extensão dos solos afectados pelo sal na Índia (ha), Degraded and wastelands of India- status and spatial distribution publicado pelo ICAR (2010)

Estado	Salina	Sódico	Total
Andhra Pradesh	77598	196609	274207
Andamão e Nicobar	77000	0	77000
Bihar	47301	105852	153153
Gujarat	1680570	541430	2222000
Haryana	49157	183399	232556
Karnataka	1893	148136	150029
Kerala	20000	0	20000
Maharashtra	184089	422670	606759
Odissa	147138	0	147138
Rajastão	195571	179371	374942
Tamil Nadu	13231	354784	368015
Uttar Pradesh	21989	1346971	1368960
Bengala Ocidental	441272	0	441272
Total	2956809	3770659	6727468

Em 2010, o Conselho Indiano de Investigação Agrícola publicou os dados relativos à extensão dos solos afectados pelo sal na Índia (ha), às terras degradadas e baldios da Índia - situação e distribuição espacial.

Apresentaram os dados nacionais sobre solos salinos e sódicos.

Os solos salinos, que contêm um grande número de sais, encontram-se em grande parte em Gujrat. A razão para este facto pode ser atribuída à linha costeira mais longa presente em Gujarat, que leva à salinização do solo.

Os solos sódicos também se encontram em grande quantidade no Estado de Gujarat, devido ao prolongado estado salino do solo no Estado.

Agora, temos um bom conhecimento sobre o registo de água. A causa e o efeito do alagamento também são discutidos.

O maior problema que é causado pelo estado de acumulação de água no solo é o facto de não haver ou haver menos movimento de água. Para um solo ideal, metade dos poros devem estar cheios de solo e metade dos poros devem estar cheios de ar. O arejamento é muito importante para o crescimento das plantas, bem como para a difusão de gases.

Mas quando a quantidade de água é demasiado grande, não só os micro poros mas também os macro poros ficam cheios de água. Nesta situação, a drenagem do solo fica bloqueada. Este bloqueio na drenagem causará uma série de problemas no solo, bem como na produção de culturas.

Por isso, vamos agora discutir a drenagem em pormenor para uma melhor compreensão.

DRENAGEM

A drenagem é a remoção artificial e a eliminação segura do excesso de água da superfície do terreno ou do perfil do solo, mais especificamente, a remoção e a eliminação segura do excesso de água gravitacional da zona radicular das culturas, a fim de criar condições favoráveis ao crescimento das culturas para aumentar a produção agrícola.

A água é uma fonte muito importante de crescimento para as plantas. Se a quantidade de água for menor, isso impedirá o crescimento da planta. Mas, pelo contrário, se a quantidade de água for maior do que a necessária, também irá impedir o crescimento da planta. A remoção do excesso de água do solo ou da área terrestre é designada por drenagem.

Quadro 8 : Classificação da drenagem, Reddy e Reddy (2018)

Categoria	Lençol freático (cm)
Bom	> 200
Médio	120- 200
Pobres	90- 120
Mau	< 90

Reddy e Reddy, em 2018, referiram a classificação da drenagem. De acordo com a classificação, se o lençol freático estiver presente a uma profundidade superior a 200 cm, a drenagem será boa. Se o lençol freático estiver presente a uma profundidade inferior a 90 cm, haverá um problema de drenagem. Esta condição dá origem a uma má drenagem.

Tipos de drenagem

1. Sistemas de drenagem de superfícies

Sistema de drenagem aleatório:

Num sistema de drenagem aleatório, os canais de drenagem são colocados irregularmente ao longo de um campo sem seguir qualquer padrão específico. Este sistema é tipicamente utilizado em áreas onde a topografia ou as condições do solo variam significativamente, tornando difícil a implementação de um esquema de drenagem uniforme. Os canais de drenagem podem ser instalados com base em áreas observadas de acumulação de água ou em resposta a problemas localizados de encharcamento do solo. Embora este sistema proporcione flexibilidade na conceção da drenagem, pode ser menos eficiente na gestão eficaz da água em todo o campo, em comparação com sistemas de drenagem mais estruturados.

Sistema de drenagem de campo paralelo:

Num sistema de drenagem de campo paralelo, os canais de drenagem são dispostos em linhas paralelas ao longo do campo, normalmente seguindo o declive natural do terreno.

Este sistema foi concebido para recolher e desviar eficazmente o excesso de água da superfície do campo, evitando o encharcamento e a saturação do solo.

Os canais de drenagem são espaçados a intervalos regulares para garantir uma

remoção uniforme da água e estão frequentemente interligados a uma saída de drenagem principal.
Os sistemas de drenagem de campos paralelos são eficazes em áreas com topografia e condições de solo uniformes, permitindo uma gestão sistemática da água e uma melhor produtividade das culturas.

Sistema paralelo de valas abertas:

O sistema de valas abertas paralelas envolve a construção de valas ou canais abertos que correm paralelamente uns aos outros através do campo.
Estas valas são concebidas para intercetar e transportar o excesso de água superficial para fora do campo, evitando o encharcamento e a erosão do solo.
O espaçamento e a profundidade das valas dependem de factores como a permeabilidade do solo, o declive e os caudais de água previstos.

Este sistema é normalmente utilizado em paisagens planas ou ligeiramente inclinadas onde o escoamento superficial pode ser gerido eficazmente através do fluxo gravítico.

Sistema de cama:

Num sistema de camas, são criados canteiros ou cumes elevados ao longo do campo para melhorar a drenagem superficial e o arejamento do solo.
Os canteiros são normalmente formados utilizando equipamento especializado que molda o solo em linhas elevadas separadas por sulcos.
Este sistema é particularmente eficaz em solos mal drenados ou em áreas propensas a encharcamento, uma vez que eleva as raízes da cultura acima do lençol freático e facilita uma melhor drenagem do solo.
Os canteiros elevados também proporcionam um melhor aquecimento do solo e um melhor arejamento das raízes, promovendo condições de crescimento óptimas para as culturas.
Os sistemas de canteiros são normalmente utilizados na produção de produtos hortícolas, pomares e culturas de rendimento de elevado valor, em que a drenagem do solo e a saúde das raízes são factores críticos para o êxito das culturas.

2. Sistemas de drenagem sub-superficial

Sistemas de drenagem de azulejos:

Os sistemas de drenagem de azulejos, também conhecidos como sistemas de drenagem subsuperficial, envolvem a instalação de uma rede de tubos

perfurados ou azulejos sob a superfície do solo para remover o excesso de água da zona das raízes.
Estes tubos são normalmente colocados em linhas paralelas ao longo do campo, com uma ligeira inclinação descendente para facilitar o fluxo de água para uma saída.
Os tubos são enterrados a uma profundidade pré-determinada abaixo da superfície do solo, normalmente entre 2 e 4 pés de profundidade, dependendo do tipo de solo, da profundidade do lençol freático e dos requisitos de drenagem.
O excesso de água infiltra-se nas perfurações ou juntas das telhas e é transportado para fora do campo através do fluxo gravitacional para uma saída de drenagem, como uma vala ou um riacho.
Os sistemas de drenagem de azulejos baixam efetivamente o nível do lençol freático, melhoram o arejamento do solo e reduzem a saturação do solo, melhorando assim o crescimento das raízes, a absorção de nutrientes e a produtividade das culturas. Estes sistemas são normalmente utilizados em zonas com solos mal drenados, lençóis freáticos elevados e problemas regulares de alagamento, proporcionando uma solução a longo prazo para gerir o excesso de água e melhorar a drenagem dos campos.

Sistemas de drenagem de toupeiras:

Os sistemas de drenagem de toupeiras envolvem a criação de canais de subsuperfície ou drenos de toupeiras utilizando equipamento especializado chamado arados de toupeiras ou drenadores de toupeiras.
Um arado de toupeira é um dispositivo estreito, em forma de torpedo, que é rebocado atrás de um trator e introduzido no solo para criar um túnel ou canal horizontal abaixo da superfície. Estes canais permitem que o excesso de água se infiltre e escorra para fora do campo, baixando efetivamente o nível do lençol freático e melhorando a drenagem do solo.
Os sistemas de drenagem de toupeiras são particularmente adequados para solos argilosos pesados ou solos compactados, onde o escoamento superficial é limitado, mas onde prevalecem o encharcamento e a má drenagem interna. Em comparação com os sistemas de drenagem de ladrilhos, a drenagem de toupeiras é tipicamente menos dispendiosa e menos perturbadora para implementar, tornando-a uma opção prática para melhorar a drenagem em determinados contextos agrícolas. No entanto, a drenagem de toupeiras pode exigir manutenção periódica para garantir a eficácia contínua dos canais de drenagem e pode ser menos adequada para áreas com lençóis freáticos elevados ou condições de solo variáveis.

BENEFÍCIOS DA DRENAGEM

A remoção do excesso de água do solo através da drenagem ajudará a planta a crescer bem. Isto trará uma série de benefícios. Alguns deles são discutidos abaixo.

1. **Proporciona um melhor ambiente de solo para o crescimento das plantas, criando condições favoráveis de arejamento do solo:**

A drenagem facilita o movimento do excesso de água para fora do perfil do solo, o que ajuda a criar um ambiente de solo bem arejado.

O arejamento adequado do solo é crucial para a respiração das raízes e o fornecimento de oxigénio às raízes das plantas, que são essenciais para vários processos metabólicos, incluindo a absorção de nutrientes e a produção de energia.

Um melhor arejamento do solo também reduz o risco de asfixia das raízes e o desenvolvimento de condições anaeróbicas, que podem inibir o crescimento das raízes, a absorção de nutrientes e a saúde geral das plantas.

Ao melhorar o arejamento do solo, a drenagem promove um desenvolvimento robusto das raízes, um crescimento vigoroso das plantas e um maior rendimento das culturas.

2. **Melhora a estrutura do solo e aumenta a infiltração do solo:**

Os sistemas de drenagem ajudam a aliviar a compactação do solo e a melhorar a sua estrutura, reduzindo a pressão exercida pelo excesso de água sobre as partículas do solo.

Os solos bem estruturados têm melhor porosidade, agregação e conetividade dos poros, o que aumenta a infiltração e a permeabilidade da água.

O aumento da infiltração no solo permite que a água penetre mais facilmente na superfície do solo, reduzindo o escoamento superficial e melhorando a distribuição da água ao longo do perfil do solo.

A melhoria da estrutura do solo também promove a penetração e a exploração das raízes, levando a uma melhor absorção de nutrientes, ancoragem das raízes e produtividade geral das plantas.

3. A elevada capacidade de infiltração reduz a erosão do solo:

Os sistemas de drenagem com elevada capacidade de infiltração ajudam a reduzir a erosão do solo, minimizando o escoamento superficial e evitando a perda de solo.

Ao permitir que a água se infiltre no solo em vez de escorrer pela superfície, a drenagem atenua as forças erosivas da chuva e do escoamento superficial, preservando a integridade do solo e reduzindo a sedimentação nas massas de água.

A redução da erosão do solo protege a fertilidade do solo, preserva a estrutura do solo e mantém a produtividade agrícola, ao mesmo tempo que minimiza os impactes ambientais, como a sedimentação nos cursos de água e o escoamento de nutrientes.

4. Acelera o aquecimento dos solos e mantém a temperatura desejável do solo:

A drenagem facilita a remoção do excesso de água do perfil do solo, o que ajuda a acelerar o aquecimento do solo e a manter as temperaturas ideais para o crescimento das plantas.

Os solos mais quentes promovem uma germinação mais rápida das sementes, o desenvolvimento das raízes e a absorção de nutrientes, acelerando o crescimento das plantas e os processos fisiológicos.

As temperaturas óptimas do solo também estimulam a atividade microbiana e o ciclo de nutrientes, melhorando a fertilidade do solo e a decomposição da matéria orgânica.

Ao manter as temperaturas do solo desejáveis, os sistemas de drenagem prolongam a estação de crescimento, promovem o estabelecimento precoce das culturas e maximizam o rendimento das mesmas.

5. Promove o aumento da lixiviação de sais e evita a acumulação de sais na zona radicular das culturas:

A drenagem facilita a lixiviação dos sais solúveis do perfil do solo, evitando a sua acumulação na zona radicular das culturas.

O excesso de sais no solo pode afetar negativamente o crescimento das plantas, causando stress osmótico, perturbando a absorção de nutrientes e prejudicando a absorção de água.

Uma drenagem eficaz remove o excesso de sais da zona das raízes, evitando a acumulação de sal e mantendo os níveis óptimos de salinidade do solo para o crescimento das plantas.

Ao promover a lixiviação do sal, os sistemas de drenagem melhoram a fertilidade do solo, aumentam a produtividade das culturas e atenuam os impactos da salinidade do solo na produção agrícola.

Em resumo, a drenagem oferece múltiplos benefícios para a saúde do solo, o crescimento das plantas e a produtividade agrícola, incluindo um melhor arejamento do solo, uma melhor estrutura do solo, a redução da erosão do solo, o aquecimento acelerado do solo, o aumento da lixiviação de sais e a prevenção da acumulação de sal. Ao otimizar as condições do solo e a gestão da água, os sistemas de drenagem contribuem para sistemas agrícolas sustentáveis e resilientes que suportam maiores rendimentos das culturas, melhor fertilidade do solo e conservação ambiental.

PROBLEMAS DEVIDO À MÁ DRENAGEM

A existência de sistemas de drenagem inadequados pode ter consequências de grande alcance, afectando vários aspectos da vida quotidiana e colocando desafios significativos às comunidades e às infra-estruturas. As repercussões de uma drenagem deficiente vão para além do mero incómodo, manifestando-se em questões como doenças transmitidas pela água, danos materiais e degradação ambiental. Tanto nas zonas urbanas como nas rurais, a ineficácia dos mecanismos de drenagem pode resultar em inundações, erosão e contaminação das fontes de água, apresentando desafios complexos que exigem soluções abrangentes. A compreensão da natureza multifacetada dos problemas decorrentes da má drenagem é crucial para a implementação de medidas sustentáveis destinadas a atenuar os seus efeitos adversos e a promover comunidades resilientes.

Alguns efeitos da má drenagem são discutidos a seguir:

1. Limitação do arejamento:

A má drenagem conduz a condições de alagamento, que restringem o movimento do ar no perfil do solo. O arejamento limitado impede a respiração das raízes e inibe o fornecimento de oxigénio às raízes das plantas.
Uma disponibilidade inadequada de oxigénio prejudica vários processos metabólicos nas plantas, incluindo a produção de energia, a absorção de nutrientes e o crescimento.

Como resultado, a saúde e a produtividade das plantas diminuem, levando a um crescimento atrofiado, a um vigor reduzido e a colheitas de menor rendimento.

2. Acumulação de CO_2 e substâncias tóxicas:

Os solos encharcados promovem condições anaeróbicas, causando a acumulação de dióxido de carbono (CO_2) e de substâncias tóxicas como o sulfureto de hidrogénio (H_2S), o sulfureto ferroso (FeS) e o metano (CH_4) nas zonas radiculares das culturas.Níveis elevados de CO_2 e gases tóxicos inibem a função radicular e podem levar à asfixia das raízes, danos nos tecidos e mortalidade das plantas.O sulfureto de hidrogénio, em particular, é altamente tóxico para as raízes das plantas e pode causar a necrose das raízes e a morte das plantas se estiver presente em concentrações excessivas.

3. Redução da absorção de água devido ao stress de oxigénio:

O stress de oxigénio resultante da má drenagem reduz a atividade das raízes das plantas e prejudica a sua capacidade de absorver água do solo.

As condições de encharcamento criam uma barreira ao movimento da água para a zona radicular, limitando a absorção de água pelas raízes das plantas.

A redução da absorção de água perturba o equilíbrio hídrico das plantas, conduzindo à murchidão, clorose foliar e desidratação, comprometendo, em última análise, a saúde e a produtividade das plantas.

4. Redução da absorção de nutrientes:

A má drenagem afecta negativamente a absorção de nutrientes pelas plantas, devido à redução da atividade radicular e ao comprometimento da função radicular.

Os solos encharcados restringem a mobilidade dos nutrientes essenciais na solução do solo, limitando a sua disponibilidade para a absorção pelas raízes.

As deficiências de nutrientes podem manifestar-se sob a forma de sintomas como folhas amareladas, crescimento atrofiado e fraco desempenho das culturas, conduzindo a uma diminuição do rendimento e da qualidade.

5. Desenvolvimento da salinidade e alcalinidade do solo:

O encharcamento agrava a salinidade e a alcalinidade do solo, promovendo a acumulação de sais e substâncias alcalinas na zona radicular.

A redução da drenagem inibe a lixiviação de sais do perfil do solo, levando à acumulação de sal e ao aumento dos níveis de salinidade do solo.

Podem também desenvolver-se condições alcalinas devido à acumulação de iões bicarbonato (HCO3-) e carbonatos ($^{CO32-}$) em solos encharcados, resultando em níveis elevados de pH e condições alcalinas do solo.

6. Prevalência das doenças das plantas:

Os solos encharcados criam condições favoráveis ao desenvolvimento e à propagação de doenças das plantas causadas por agentes patogénicos, fungos e bactérias transmitidos pelo solo.

O excesso de humidade na zona das raízes promove a proliferação de microrganismos patogénicos e aumenta a probabilidade de apodrecimento das raízes, de amortecimento e de outras doenças transmitidas pelo solo.

O stress das plantas resultante da má drenagem enfraquece as defesas das plantas contra os agentes patogénicos, tornando as culturas mais susceptíveis a surtos de doenças e reduzindo a saúde geral das culturas e o potencial de rendimento.

PORQUE É QUE PRECISAMOS DE UMA VIA ALTERNATIVA?

A drenagem do solo ou da terra é muito importante para uma melhor produção agrícola. Isto pode ser conseguido naturalmente ou adaptando algumas medidas mecânicas ou estruturas através das quais a drenagem é conseguida. Mas isto é muito difícil e, por vezes, inatingível devido a certas razões. Por isso, nessa altura, precisamos de uma fonte alternativa de drenagem.

1. As abordagens convencionais de engenharia:

As técnicas convencionais de drenagem superficial e subsuperficial envolvem normalmente a instalação de infra-estruturas, tais como tubos, valas e bombas, para gerir o excesso de água nos campos agrícolas.

Estas abordagens são de capital intensivo, exigindo um investimento significativo em materiais, mão de obra e equipamento para a instalação. Além disso, os sistemas de drenagem convencionais implicam custos de operação e manutenção mais elevados ao longo da sua vida útil, incluindo despesas com reparações, limpeza e manutenção da infraestrutura de drenagem. O encargo financeiro associado aos sistemas de drenagem convencionais pode ser proibitivo para muitos agricultores, especialmente para os pequenos agricultores ou para aqueles com recursos financeiros limitados.

2. Inviabilidade de eliminação de efluentes de drenagem:

Em áreas com topografia plana a côncava, a eliminação de efluentes de drenagem pode ser um desafio devido a saídas de drenagem naturais limitadas e a problemas de escoamento de drenagem.

A falta de um declive ou de um gradiente de elevação suficientes dificulta a descarga do excesso de água dos campos agrícolas, conduzindo ao encharcamento e à saturação do solo nas zonas baixas.

Os problemas de drenagem, tais como infra-estruturas de drenagem inadequadas ou saídas bloqueadas, complicam ainda mais a eliminação dos efluentes de drenagem e agravam os problemas de alagamento.

3. Poluição das massas de água:

A descarga de efluentes de drenagem contendo nutrientes, sais, agro-químicos e outros poluentes nas massas de água resultou na poluição de muitas bacias hidrográficas e ecossistemas aquáticos.

O excesso de nutrientes provenientes do escoamento agrícola pode levar à eutrofização, à proliferação de algas e à degradação da qualidade da água, colocando em risco os organismos aquáticos e a saúde humana. Os sais, pesticidas e outros produtos agro-químicos descarregados nas massas de água podem acumular-se ao longo do tempo, contaminando as fontes de água potável, prejudicando a biodiversidade aquática e perturbando as funções dos ecossistemas.

4. **Limitações dos sistemas de drenagem convencionais baseados em engenharia:**

As limitações e insuficiências dos sistemas de drenagem convencionais realçam a necessidade de abordagens alternativas para garantir a sustentabilidade da agricultura a longo prazo.Os sistemas de drenagem convencionais podem não ser adequados ou eficazes em todos os contextos, especialmente em áreas com recursos limitados, restrições ambientais ou condições climáticas variáveis.

As abordagens alternativas que resolvem as deficiências dos sistemas de drenagem convencionais são essenciais para atenuar os encharcamentos, aumentar a produtividade agrícola e promover a sustentabilidade ambiental.

5. **Características das abordagens alternativas:**

As abordagens alternativas ao saneamento devem ser eficazes, económicas, socialmente aceitáveis, respeitadoras do ambiente, sustentáveis e valorizar os recursos naturais do solo e da água.

As soluções de drenagem eficazes devem proporcionar uma gestão adequada da água, minimizando simultaneamente os impactos negativos na saúde do solo, na qualidade da água e na integridade do ecossistema.

As soluções de drenagem socialmente aceitáveis devem ter em conta as preferências, conhecimentos e práticas culturais locais, envolvendo as partes interessadas nos processos de tomada de decisão e promovendo a apropriação e participação da comunidade.

As abordagens de drenagem amigas do ambiente dão prioridade à conservação dos recursos naturais, minimizando os efeitos adversos na biodiversidade, na fertilidade do solo e nos recursos hídricos. As soluções de drenagem sustentáveis visam equilibrar os objectivos económicos, sociais e ambientais, promovendo a resiliência a longo prazo e a adaptabilidade às condições em mudança.

BIO-DRAINAGEM

A bio-drenagem pode ser definida como "O processo de remoção do excesso de água do solo através da transpiração, utilizando a bio-energia da planta e a energia de radiação do sol".

O termo bio-drenagem é relativamente recente, embora a utilização da vegetação para secar os perfis do solo seja conhecida há muito tempo

A primeira utilização documentada do termo bio-drenagem pode ser atribuída a **Gafni** (1994)
Antes dessa data, **Heuperman** (1992) utilizou o termo bio-bombeamento para descrever a utilização de árvores para o controlo do lençol freático.

A bio-drenagem é basicamente uma forma pela qual o excesso de água é expulso do sistema solo-planta. Neste caso, o excesso de água é absorvido pela planta e depois a planta transpira o excesso de água do seu processo metabólico. Desta forma, consegue-se a bio-drenagem.

COMO É QUE FUNCIONA?

Phreatophytes Palavra grega Phreatos - Um poço Phyte - Planta
As plantas podem utilizar a água tanto da parte não saturada do perfil do solo, acima do lençol freático, como da parte saturada, abaixo do lençol freático.

Exemplos :

Eucalyptus tereticornis , Prosopis juliflora, Tamarix articulata

CONCEITO DE BIO-DRENAGEM

Seleção de plantas: A bio-drenagem envolve normalmente a seleção e plantação de espécies vegetais específicas conhecidas pela sua capacidade de absorver grandes quantidades de água e de a transpirar através das suas folhas para a atmosfera. Estas plantas são frequentemente designadas por "culturas de biodrenagem" ou "espécies de biodrenagem".

Absorção de água e transpiração: Uma vez plantadas em áreas encharcadas ou mal drenadas, as espécies de plantas seleccionadas absorvem ativamente a água do solo através das suas raízes. Este processo ajuda a baixar o nível do lençol freático e a aliviar os problemas de encharcamento, reduzindo a quantidade de água armazenada no solo: A água absorvida é então transportada através do sistema vascular da planta e libertada para a atmosfera através da transpiração - um processo semelhante à evaporação, mas que ocorre através das folhas da planta. A transpiração ajuda a remover o excesso de água do solo e a manter um nível de humidade do solo mais equilibrado.

Melhoria do solo: Para além de drenar o excesso de água, as culturas de bio-drenagem também podem contribuir para a melhoria do solo. À medida que as raízes das plantas penetram no solo, ajudam a quebrar as camadas compactadas, melhoram a estrutura do solo e aumentam a sua porosidade, melhorando a saúde e a fertilidade do solo em geral.

Controlo da erosão e criação de habitats: Para além dos benefícios de drenagem, a biodrenagem pode também ajudar a controlar a erosão do solo, estabilizando as superfícies do solo com raízes de plantas. Além disso, o estabelecimento de vegetação em áreas alagadas pode criar habitat e apoiar a biodiversidade, proporcionando benefícios ecológicos para além da melhoria da drenagem.

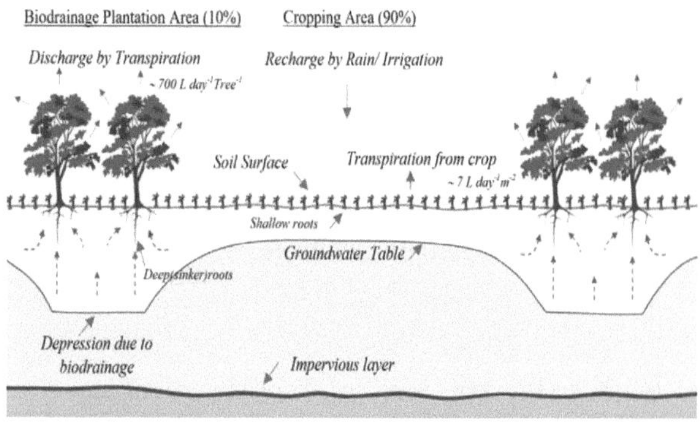

PRINCÍPIOS DE PLANEAMENTO E CONCEPÇÃO

Balanço hídrico:

O princípio do balanço hídrico envolve a avaliação do fluxo de entrada e saída de água num sistema de drenagem. Considera factores como a precipitação, a evapotranspiração, o escoamento superficial e a infiltração. A compreensão do balanço hídrico é crucial para a conceção de sistemas de biodrenagem que gerem eficazmente o excesso de água, assegurando simultaneamente níveis de humidade adequados para o crescimento das plantas. Ao otimizar a distribuição e retenção da água, a biodrenagem pode aumentar a produtividade agrícola, evitar o encharcamento e minimizar o risco de erosão do solo.

Área de plantação:

A seleção e a disposição da vegetação desempenham um papel fundamental na conceção da bio-drenagem. As áreas de plantação são estrategicamente integradas nos sistemas de drenagem para facilitar a absorção de água, estabilizar a estrutura do solo e aumentar a biodiversidade. A seleção das espécies baseia-se na sua capacidade de absorção de água, estrutura radicular e tolerância ao encharcamento e à salinidade. As áreas de plantação bem planeadas não só contribuem para a gestão da água, como também proporcionam benefícios adicionais, como o sequestro de carbono, a criação de habitats e a melhoria estética.

Tolerância ao sal:

A salinidade é um problema comum em áreas com drenagem deficiente, levando à degradação do solo e à redução do rendimento das culturas. Os sistemas de biodrenagem incorporam espécies vegetais tolerantes ao sal, capazes de prosperar em ambientes salinos. Estas espécies ajudam a atenuar a salinidade do solo através de processos como a fitorremediação e a exclusão do sal, melhorando assim a fertilidade do solo e a produtividade das culturas. Compreender a tolerância ao sal das diferentes espécies vegetais é essencial para conceber soluções eficazes de bio-drenagem adaptadas às condições específicas do solo e aos níveis de salinidade.

Rebaixamento do lençol freático:

O rebaixamento do nível freático refere-se à descida dos níveis de água subterrânea conseguida através de intervenções de drenagem. Os sistemas de biodrenagem utilizam técnicas como a drenagem subterrânea, as zonas húmidas construídas e as zonas de proteção vegetal para regular os níveis de água subterrânea e aliviar o encharcamento. Ao baixar o nível do lençol freático para níveis óptimos, a biodrenagem melhora o arejamento das raízes, promove a absorção de nutrientes e reduz o risco de doenças transmitidas pela água, promovendo ecossistemas mais saudáveis e produtivos.

Equilíbrio de sal:

A manutenção de um ambiente salino equilibrado é essencial para uma agricultura sustentável em zonas propensas à salinidade. Os sistemas de biodrenagem têm como objetivo alcançar um equilíbrio salino através da gestão das entradas, saídas e redistribuição de sal no sistema solo-planta-água. Através de mecanismos como a lixiviação, a evapotranspiração e a acumulação de sal nos tecidos das plantas, a biodrenagem ajuda a regular os níveis de salinidade do solo e a evitar a acumulação de sal, salvaguardando assim a produtividade do solo e a sustentabilidade agrícola.

Aspectos económicos:

As considerações económicas fazem parte integrante do planeamento e da execução de projectos de biodrenagem. A análise custo-benefício, a afetação de recursos e as estratégias de investimento são componentes essenciais do processo de tomada de decisões. A biodrenagem oferece potenciais benefícios económicos, como o aumento do rendimento das culturas, a redução dos custos de irrigação e o aumento do valor da terra. A avaliação da viabilidade económica e da sustentabilidade a longo prazo das intervenções de biodrenagem é crucial para maximizar o retorno do investimento e garantir o apoio financeiro das partes interessadas e dos decisores políticos.

Aceitação social:

A aceitação social desempenha um papel fundamental no sucesso das iniciativas de bio-drenagem, uma vez que o envolvimento e a participação da comunidade são essenciais para a implementação e sustentabilidade do projeto. A comunicação eficaz, a consulta das partes interessadas e as actividades de sensibilização ajudam a fomentar o apoio público e a resolver as preocupações relacionadas com a utilização dos solos, o impacto ambiental e os meios de subsistência. Ao promover processos de tomada de decisão inclusivos e parcerias de colaboração, os projectos de bio-drenagem podem ganhar aceitação local e contribuir para o bem-estar geral das comunidades.

CRITÉRIOS DE SELECÇÃO DE PLANTAS DE BIODRENAGEM

Há certos pontos que devem ser considerados ao selecionar as plantas de bio-drenagem. Alguns deles são abordados de seguida.

Crescimento rápido:

O crescimento rápido permite que estas plantas se estabeleçam rapidamente em solos encharcados ou salinos, permitindo-lhes começar a absorver água e a transpirá-la eficazmente.

Consumo de água luxuoso:

O "consumo luxuoso de água" refere-se à capacidade das plantas de absorverem e utilizarem grandes quantidades de água. Esta caraterística é vantajosa na bio-drenagem porque ajuda a reduzir os níveis de humidade do solo, baixando o lençol freático e aliviando o encharcamento.

Elevada taxa de transpiração:

As plantas com taxas de transpiração elevadas libertam quantidades significativas de vapor de água para a atmosfera, ajudando a remover o excesso de humidade do solo e a manter um nível de humidade do solo mais equilibrado.

Sistema radicular profundo:

Um sistema radicular profundo permite que as plantas acedam à água e aos nutrientes das camadas mais profundas do solo, reduzindo a concorrência com as culturas e ajudando a baixar o lençol freático de forma mais eficaz.

Tolerância à salinidade e ao encharcamento:

As plantas que podem tolerar níveis elevados de salinidade e encharcamento são adequadas para a bio-drenagem em áreas com estas condições. Podem desenvolver-se em ambientes onde outras plantas têm dificuldades, proporcionando uma drenagem eficaz e a melhoria do solo.

Elevada acumulação de biomassa num curto período:

A elevada acumulação de biomassa significa que estas plantas podem produzir rapidamente uma quantidade significativa de biomassa acima e abaixo do solo. Esta biomassa pode ajudar a melhorar a estrutura do solo, aumentar o teor de matéria orgânica e melhorar a saúde geral do solo.

Crescimento rápido após a poda:

O crescimento rápido permite a poda ou a colheita regular das plantas sem comprometer a sua eficácia na drenagem. Esta caraterística garante que as plantas possam continuar a transpirar água de forma eficiente durante todo o seu ciclo de crescimento.

Acumulação de iões de sal em partes do corpo das plantas:

Algumas espécies de plantas têm a capacidade de acumular iões de sal nos seus tecidos, um processo conhecido como fitorremediação. Ao sequestrar iões de sal na sua biomassa, estas plantas podem ajudar a reduzir os níveis de salinidade do solo ao longo do tempo, melhorando a qualidade do solo e as condições de drenagem.

Quadro 9 : Taxa de transpiração das espécies utilizadas para o tratamento de biodrenagem em zonas alagadas afectadas pelo sal na Índia, Sarvade et al. (2017)

Espécies vegetais	Família	Taxa de transpiração
Acacia spp.	Mimosoideae	2 2,63 m mol./m s
Azadirechta indica	Meliáceas	2,88 gm/folha hrs
Dalbergia sissoo	Fabáceas	2 2,67-3,08 m mol./m s
Eucalipto spp.	Myrtaceae	2 2,72-3,16 m mol./m s
Populus spp.	Salicáceas	13-200 gpd/árvore
Salix babylonica	Salicáceas	10-50 gpd/árvore
Bambusa	Poaceae	2 2,58 m mol./m s
Cynodon dactylon	Poaceae	4,5-14,1 mm/dia
Sorgo bicolor	Poaceae	2,0-9,8 mm/dia
Trifolium spp.	Fabáceas	4,5-9,9 mm/dia
Typha spp.	Typhaceae	8,5-28,2 mm/dia

Quadro 10: Espécies de eucalipto para diferentes regiões, Instituto Nacional de Hidrologia Jal Vigyan Bhavan (2000)

Região	Espécies promissoras
Solos lateríticos do sul da Índia	E. globosus, E. tereticornis
Solos de chalka vermelha	E. camaldulensis
Solos negros com baixa pluviosidade	E. híbrido
Ravina aterra Yamuna	E. tereticornis
Barrancos de Chambal	E. tereticornis, E. hybrid
Terras de ravina de Mahi	E. camaldulensis
Regiões áridas do Noroeste da Índia	E. camaldulensis
Solos semi-alagados	E. tereticornis, E. robusta

MÉRITOS DA BIODRENAGEM EM RELAÇÃO AOS SISTEMAS DE DRENAGEM CONVENCIONAIS

Sem manutenção:

Os sistemas de bio-drenagem requerem frequentemente uma manutenção mínima uma vez estabelecidos. Ao contrário dos sistemas de drenagem convencionais, que podem exigir limpeza periódica, reparações ou substituição de infra-estruturas, a biodrenagem baseia-se em processos naturais e na vegetação para gerir a água, reduzindo a necessidade de esforços de manutenção contínuos e os custos associados.

Relativamente menos dispendioso:

Os custos iniciais da implementação de sistemas de biodrenagem são frequentemente mais baixos em comparação com os sistemas de drenagem convencionais. A biodrenagem baseia-se em processos naturais e na vegetação, que são geralmente menos dispendiosos de instalar e manter do que as estruturas de drenagem artificiais, como tubos, bombas e canais de betão. Esta relação custo-eficácia torna a biodrenagem uma opção viável para soluções de drenagem, especialmente em zonas com recursos financeiros limitados.

Sem custos operacionais:

Uma vez estabelecidos, os sistemas de biodrenagem têm normalmente custos operacionais mínimos ou nulos. Ao contrário dos sistemas de drenagem convencionais que podem necessitar de energia para bombagem, manutenção e reparações, os sistemas de biodrenagem funcionam passivamente utilizando processos naturais, reduzindo a necessidade de despesas contínuas em actividades operacionais.

Ecologicamente seguro:

Os sistemas de biodrenagem são amigos do ambiente e ecologicamente seguros. Baseiam-se na vegetação e nos processos naturais para gerir a água, melhorar a saúde do solo e aumentar a biodiversidade. Ao contrário dos sistemas de drenagem convencionais que podem perturbar os ecossistemas naturais, a biodrenagem promove o equilíbrio ecológico, apoia o habitat da vida selvagem e contribui para a sustentabilidade ambiental global.

Aumento do valor com a idade em vez de depreciação:

Ao longo do tempo, os sistemas de biodrenagem podem aumentar o seu valor e eficácia à medida que a vegetação amadurece e os ecossistemas se desenvolvem. Ao contrário dos sistemas de drenagem convencionais, que podem deteriorar-se com o tempo e exigir uma manutenção ou substituição dispendiosas, os sistemas de biodrenagem podem valorizar-se à medida que a vegetação cresce, a saúde do solo melhora e os serviços ecossistémicos são melhorados.

Sistema preventivo e curativo:

Os sistemas de biodrenagem funcionam como medidas preventivas e curativas para gerir problemas de alagamento, erosão do solo e salinidade. Ao evitar a acumulação excessiva de água e ao promover a drenagem do solo, os sistemas de biodrenagem podem atenuar o aparecimento de problemas relacionados com a água, ao mesmo tempo que oferecem soluções para remediar os problemas existentes.

Proporciona áreas recreativas e espaços verdes abertos, apoiando a apicultura:

Os sistemas de biodrenagem criam oportunidades para actividades recreativas e espaços verdes abertos nas paisagens agrícolas. A presença de vegetação e de habitats naturais nas zonas de biodrenagem pode apoiar actividades recreativas ao ar livre, actividades de lazer e oportunidades de ecoturismo. Além disso, estas zonas podem proporcionar habitats adequados para a apicultura e apoiar as populações de polinizadores, contribuindo para a conservação da biodiversidade e a produtividade agrícola.

Sequestra carbono:

A vegetação nos sistemas de biodrenagem desempenha um papel crucial no sequestro de carbono da atmosfera através da fotossíntese. À medida que as plantas crescem, capturam dióxido de carbono (CO_2) do ar e armazenam-no na sua biomassa e na matéria orgânica do solo. Este sequestro de carbono ajuda a atenuar as alterações climáticas, reduzindo as concentrações de gases com efeito de estufa na atmosfera, e contribui para o armazenamento de carbono nos solos, aumentando a fertilidade do solo e a resiliência dos ecossistemas.

Temperatura moderada:

A vegetação nos sistemas de biodrenagem proporciona sombra e arrefecimento evapotranspirativo, ajudando a moderar os extremos de temperatura nas áreas circundantes. Esta moderação da temperatura pode criar microclimas mais favoráveis ao crescimento das plantas, melhorar o conforto humano e reduzir o consumo de energia para efeitos de arrefecimento, especialmente em ambientes urbanos.

Proporciona um rendimento mais elevado:

Os sistemas de biodrenagem podem gerar oportunidades de rendimento adicional para os proprietários de terras através de vários meios. Estes podem incluir a venda de produtos agrícolas provenientes de áreas de biodrenagem, tais como madeira, frutos ou plantas medicinais, bem como rendimentos provenientes do ecoturismo, actividades recreativas ou operações de apicultura. Além disso, o aumento da produtividade das terras agrícolas resultante de uma melhor drenagem e fertilidade do solo pode levar a maiores rendimentos das culturas e a um aumento do rendimento agrícola a longo prazo.

Terreno adicional para cultivo:

Os sistemas de biodrenagem criam oportunidades para a recuperação de terras alagadas ou salinas para fins agrícolas. Ao melhorar a drenagem do solo e reduzir o alagamento, a biodrenagem permite que os agricultores utilizem terras anteriormente improdutivas ou subutilizadas para cultivo, expandindo assim a área agrícola e aumentando a produtividade geral da terra.

Intensidade de cultivo e acumulação de carbono orgânico no solo:

A melhoria da drenagem proporcionada pelos sistemas de biodrenagem permite uma maior intensidade de cultivo, possibilitando vários ciclos de cultivo numa única estação de crescimento. Além disso, a presença de vegetação nas zonas de biodrenagem contribui para a acumulação de carbono orgânico no solo através da decomposição dos resíduos vegetais e dos exsudados das raízes. Isto melhora a fertilidade, a estrutura e a capacidade de retenção de água do solo, apoiando uma produção agrícola sustentável.

Mais escolha entre as culturas arvenses:

Os sistemas de biodrenagem criam condições propícias ao cultivo de uma gama mais vasta de culturas arvenses, incluindo leguminosas e oleaginosas sensíveis ao encharcamento e à salinidade. Ao atenuar estas limitações relacionadas com o solo, a biodrenagem permite aos agricultores diversificar as suas escolhas de culturas, melhorar as práticas de rotação de culturas e otimizar os sistemas de produção agrícola para aumentar a resiliência e a rentabilidade.

Maior rendimento das culturas e eficiência na utilização de nutrientes:

A melhoria da drenagem e da fertilidade do solo resultante dos sistemas de biodrenagem leva a maiores rendimentos das culturas e a uma maior eficiência na utilização dos nutrientes. Os níveis ideais de humidade do solo e a disponibilidade de nutrientes promovem o crescimento saudável das plantas, reduzem as perdas de rendimento devidas ao stress hídrico ou a deficiências de nutrientes e maximizam a produtividade das terras agrícolas, melhorando, em última análise, a rentabilidade das explorações agrícolas e a segurança alimentar.

Aumento da criação de emprego e redução da pobreza:

A expansão das terras agrícolas e a intensificação dos sistemas de cultivo facilitados pela bio-drenagem criam oportunidades de emprego ao longo da cadeia de valor agrícola. Desde a preparação da terra e o cultivo das culturas até à colheita, transformação e comercialização, a bio-drenagem contribui para os meios de subsistência rurais ao gerar emprego, rendimento e oportunidades económicas, reduzindo assim a pobreza e melhorando os padrões de vida nas comunidades rurais.

Atenua os gases com efeito de estufa:

A vegetação em áreas de bio-drenagem absorve dióxido de carbono (CO2) da atmosfera através da fotossíntese, sequestrando carbono na biomassa vegetal e na matéria orgânica do solo. Este processo ajuda a atenuar as emissões de gases com efeito de estufa, reduzindo as concentrações atmosféricas de CO2 e contribuindo para os esforços de atenuação das alterações climáticas. Além disso, a libertação de oxigénio (O2) durante a fotossíntese aumenta ainda mais os benefícios ambientais dos sistemas de biodrenagem.

Actua como cinto de abrigo e protege as culturas em sistemas agro-florestais:

A vegetação nas áreas de bio-drenagem pode servir como cinturas de abrigo ou quebra-ventos, protegendo as culturas da erosão eólica, dos danos causados pelo vento e de outras pressões ambientais. Nos sistemas agro-florestais, as plantações de bio-drenagem oferecem benefícios adicionais, como a conservação do solo, o aumento da biodiversidade e a moderação do microclima, apoiando práticas sustentáveis de gestão das terras e sistemas agrícolas diversificados.

Não há necessidade de emissário de drenagem:

Ao contrário dos sistemas de drenagem convencionais que requerem saídas de drenagem ou pontos de descarga para remover o excesso de água do campo, os sistemas de biodrenagem funcionam de forma passiva sem necessidade de saídas de drenagem. Ao depender de processos naturais e da vegetação, a bio-drenagem gere eficazmente a água no local, reduzindo a necessidade de infra-estruturas de drenagem dispendiosas e minimizando os potenciais impactos ambientais associados à descarga de drenagem.

Mitiga o problema das alterações climáticas e contribui para o aumento do coberto florestal:

Os sistemas de biodrenagem desempenham um papel crucial na atenuação das alterações climáticas, sequestrando carbono, aumentando o armazenamento de carbono no solo e promovendo práticas sustentáveis de utilização dos solos que contribuem para o aumento do coberto florestal. Ao integrar a vegetação nas estratégias de gestão da água, a biodrenagem ajuda a atenuar os impactes das alterações climáticas, a aumentar a resiliência dos ecossistemas e a apoiar os esforços globais de combate às alterações climáticas e de promoção da conservação das florestas.

Assegura a participação da população:

As plantações de biodrenagem estabelecidas nos campos dos agricultores pertencem a estes últimos, assegurando o seu envolvimento direto e a sua propriedade na gestão e nos benefícios dos sistemas de biodrenagem. Esta abordagem participativa promove o envolvimento, a capacitação e a colaboração da comunidade, conduzindo a uma implementação, manutenção e sustentabilidade mais eficazes das iniciativas de biodrenagem ao nível das bases.

LIMITAÇÃO DA BIO-DRENAGEM

Existem certas limitações da bio-drenagem. Estas limitações são responsáveis pelo menor acesso da bio-drenagem à comunidade agrícola. Alguns pontos principais são discutidos a seguir:

Requer terra, normalmente 10 a 15% da exploração do agricultor:

Uma limitação da bio-drenagem é o facto de exigir uma parte da terra do agricultor, normalmente cerca de 10 a 15% da sua exploração total, para estabelecer plantações de árvores ou vegetação para fins de drenagem. Esta atribuição de terras pode competir com outras actividades agrícolas ou utilizações da terra, reduzindo potencialmente a área disponível para a produção de culturas e outras actividades de subsistência.

Risco de danos nas primeiras fases de crescimento das árvores:

Durante as primeiras fases de crescimento das árvores, as árvores recém-plantadas são vulneráveis a vários riscos, incluindo condições climatéricas adversas, infestações de pragas, doenças e danos mecânicos. Sem os devidos cuidados e medidas de proteção, como vedações ou protecções das árvores, existe o risco de danificar as árvores jovens, o que pode impedir o seu crescimento e sobrevivência e atrasar a eficácia dos sistemas de bio-drenagem.

Eficácia das plantações de árvores no rebaixamento do lençol freático nas fases iniciais de crescimento:

As plantações de árvores podem não baixar efetivamente o nível do lençol freático nas fases iniciais de crescimento, especialmente durante a fase de estabelecimento, quando os sistemas radiculares ainda se estão a desenvolver. Podem ser necessários vários anos para que as árvores atinjam a maturidade e explorem plenamente as suas capacidades de absorção e transpiração de água, atrasando o início dos benefícios da biodrenagem.

Competição entre árvores e culturas por recursos:

A presença de plantações de árvores ou de vegetação em zonas de biodrenagem pode levar à competição entre árvores e culturas por recursos como a luz, a humidade, os nutrientes e o espaço. Esta competição pode afetar o crescimento e a produtividade da vegetação coexistente, reduzindo potencialmente o rendimento das culturas e a produtividade agrícola global nas proximidades dos sistemas de biodrenagem.

Libertação de substâncias químicas tóxicas de algumas espécies de árvores:

Certas espécies de árvores, como o eucalipto, podem libertar substâncias químicas tóxicas das suas folhas, caules e raízes para o solo circundante, o que pode inibir a germinação e o crescimento de outras culturas ou vegetação. Este efeito alelopático pode limitar a adequação de certas espécies de árvores para fins de bio-drenagem, exigindo uma seleção cuidadosa de espécies de plantas não tóxicas ou compatíveis.

Diminuição gradual do consumo de água e da transpiração com a idade:

À medida que as árvores envelhecem, o seu consumo de água e as suas taxas de transpiração podem diminuir gradualmente, levando a uma redução da extensão da bio-drenagem ao longo do tempo. As árvores maduras podem ter menos capacidade de remover ativamente o excesso de água do solo em comparação com as árvores mais jovens e de crescimento vigoroso, diminuindo potencialmente a eficácia dos sistemas de biodrenagem na gestão do encharcamento e da humidade do solo.

Acumulação de sal nos locais de descarga:

Nos locais de descarga onde o excesso de água é descarregado através da evapotranspiração, existe o risco de acumulação de sal no perfil do solo ao longo do tempo. Esta acumulação de sal pode ocorrer devido à concentração de sais dissolvidos na água à medida que esta se evapora, conduzindo a problemas de salinidade do solo que podem afetar o crescimento das árvores e a produtividade agrícola nas proximidades das áreas de descarga de biodrenagem.

Aumento da atividade dos animais selvagens:

A presença de plantações de árvores ou vegetação em áreas de bio-drenagem pode atrair animais selvagens, como touros azuis ou outros herbívoros, que podem causar danos às culturas e à vegetação através de pastoreio ou pisoteio. O aumento da atividade dos animais selvagens pode colocar desafios às práticas gerais de cultivo e exigir medidas adicionais para mitigar os conflitos entre a vida selvagem e as actividades agrícolas.

REVISÃO DA LITERATURA

IMPACTO DA BIODRENAGEM NO LENÇOL FREÁTICO

Figura 1: Série temporal do défice hídrico no perfil do solo com ragi, teca, jaqueira e

Eucalipto

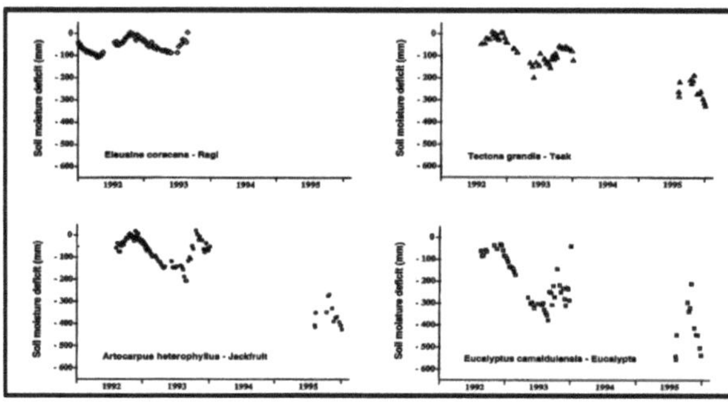

Calder et al., em 1997, observaram que o eucalipto apresentou um melhor resultado para o défice hídrico ao longo dos anos.

Tabela 11 : Controlo da subida do lençol freático (m) devido à biodrenagem por eucalipto e bambu em condições de lençol freático não salino através do estudo de lisímetros

Espécies	Período de crescimento, ano			
	1st	2st	3rd	4th
Eucalipto	1.95	3.48	3.76	3.84
Bambu	1.09	1.86	2.46	2.96

Chhabra e Thakur (1998), em Karnal, estudaram o controlo da subida do lençol freático (m) devido à biodrenagem por eucaliptos e bambus em condições de lençóis freáticos não salinos e revelaram que os eucaliptos deram melhores resultados do que os bambus.

Figura 2: Tendência dos níveis do lençol freático no transecto este-oeste da parcela de investigação Dhob-Bhali durante (a) a estação pré-monção, (b) a estação das monções, (c) a estação pós-monção e (d) a estação de inverno de 2004-05 com Eucalyptus tereticornis

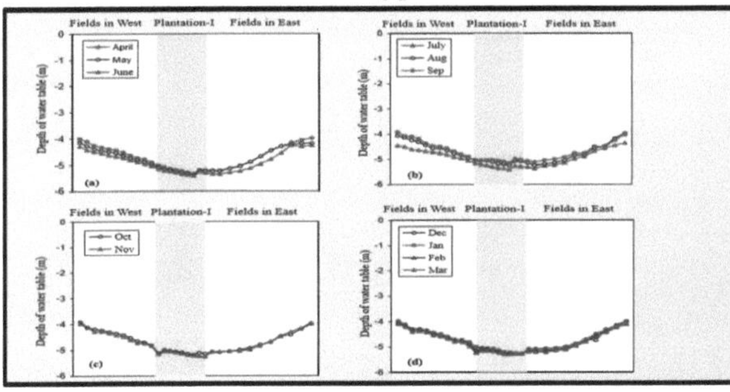

Ram et al. (2008) em Hisar estudaram que o lençol freático era mais profundo sob a plantação em comparação com o campo a leste e oeste.

Quadro 12 : Depressão do lençol freático (mm) sob diferentes plantações de árvores

Espécies de árvores	Profundidade do lençol freático (mm)
Callistemon lanceolatus	11.75
Clone 3 de eucalipto	16.50
Híbrido de eucalipto	41.75
Clone de eucalipto 10	42.00
Eucalipto clone 130	22.50
Melia azedarach	11.50
Pongamia pinnata	5.25
Prosopis juliflora	19.25
Tamarix aphylla	22.00
Terminalia arjuna	5.5
CD a 5 %	2.51

Rani et al. (2010) afirmaram que o clone 10 de Eucalyptus deprimiu significativamente o lençol freático em comparação com os outros tratamentos, exceto o híbrido de Eucalyptus que deu um resultado igual.

Figura 3: Impacto de diferentes espécies de árvores no nível do lençol freático

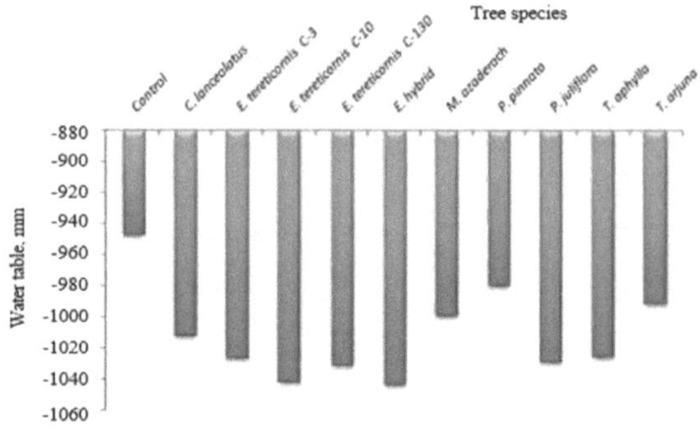

Toky et al. (2011) estudaram o impacto de espécies arbóreas de eucalipto no nível do lençol freático e concluíram que o eucalipto apresentou uma elevada depressão do lençol freático a partir do terceiro ano de plantação.

Tabela 13 : Flutuação do lençol freático como valores médios mensais influenciados pela biodrenagem através da plantação de eucaliptos

Ano	Profundidade mensal do lençol freático (mm)												
	Jan.	Fev.	Mar.	abril.	maio	junho	Jul.	Ago.	Set.	Out.	Nov.	Dez.	Média
2005	672	718	775	854	1315	1799	2061	800	857	855	737	606	1066
2006	660	700	780	848	1318	1800	2607	810	822	845	740	634	1189
2007	776	828	904	975	1571	2090	2972	1020	985	974	851	834	1232
2008	800	851	927	1003	1602	2127	3004	1053	1002	1001	885	852	1259
2009	827	874	953	1031	1634	2151	3033	1078	1005	1020	870	868	1279
Média	787	834	908	982	1568	2074	2977	1021	974	979	857	799	

CD a 5% : Meses, 5,5 ; Ano, 8,5 ; Mês × Ano, 18,9

Toky et al. (2011) estudaram o impacto de espécies arbóreas de eucalipto no nível do lençol freático e concluíram que o eucalipto apresentou uma elevada depressão do lençol freático a partir do terceiro ano de plantação.

Figura 4: Capacidade de transpiração de diferentes espécies de árvores

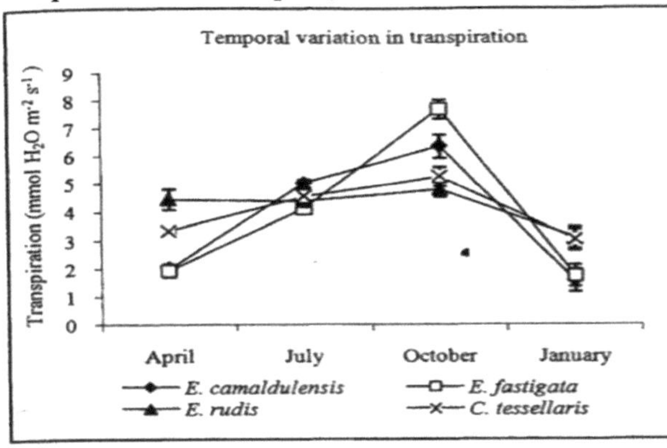

Bala et al. (2014), em Jaisalmer, estudaram a capacidade de transpiração de diferentes espécies de árvores, tendo concluído que a E. fastigata apresentava a taxa de transpiração mais elevada entre as diferentes espécies de árvores.

Tabela 14: Flutuação do lençol freático sob diferentes espécies de vegetação

Espécies de vegetação	Profundidade do lençol freático (m)			
Eucalipto	novembro	dezembro	janeiro	fevereiro
Casuraina	1.92	2.18	2.47	3.24
Dalbergia	1.75	1.89	2.05	2.46
Banana	1.68	1.92	2.14	2.43
Bambu	1.63	1.87	1.95	2.72
Controlo	1.84	2.17	2.36	3.05

Banik et al. (2018) observaram que a plantação de eucalipto apresentou a maior depressão do lençol freático, seguida pela plantação de bambu, Casuarina, Dalbergia e banana.

Tabela 15: Flutuações do lençol freático (m) sob diferentes vegetações de biodrenagem durante o período experimental

Profundidade do lençol freático (m)							
Vegetação	Set 16	16 de outubro	16 de novembro	Dez 16	17 de janeiro	Fev 17	17 de março
Kadamba (Neolamarkia cadamba)	1.56	1.68	1.95	2.21	2.55	2.96	3.21
Banana	1.61	1.75	2.05	2.27	2.74	3.13	3.34
Lamboo (Dysoxylum spp.)	1.67	1.82	2.13	2.39	2.88	3.18	3.47
Eucalipto	1.78	1.91	2.32	2.62	3.06	3.54	3.82
Controlo	1.18	1.24	1.39	1.52	1.67	1.81	1.95

Sarkar et al. (2018) revelaram que a taxa de declínio no lençol freático com diferentes tempos decorridos foi máxima sob a vegetação de eucalipto em comparação com o local de controlo não vegetado.

Quadro 16 : Alterações nas propriedades do solo sob as três espécies de árvores florestais mais bem sucedidas após 7 anos de plantação

Árvore	pH		CE (ds/m)		OC (%)		ESP	
	Inicial	Após 7 anos	Inicial	Após 7 anos	Inicial	Após 7 anos	Inicial	Após 7 anos
Prosopis juliflora	10.4	9.7	3.15	0.69	0.04	0.30	87	54
Acácia nilótica	10.5	10.1	3.20	0.88	0.04	0.14	91	71
Tamarix articulata	10.4	9.2	3.05	0.36	0.05	0.28	85	35
LSD (0,05)	NS	0.35	NS	0.32	NS	0.14	NS	5

Tomar (2007) verificou que a Tamarix articulata reduziu o ESP, o pH e a CE do solo após 7 anos e que a Prosopis juliflora apresentou um elevado teor de CO.

Figura 5: Efeito da plantação de eucaliptos na condutividade eléctrica (dS/m) e no pH do solo

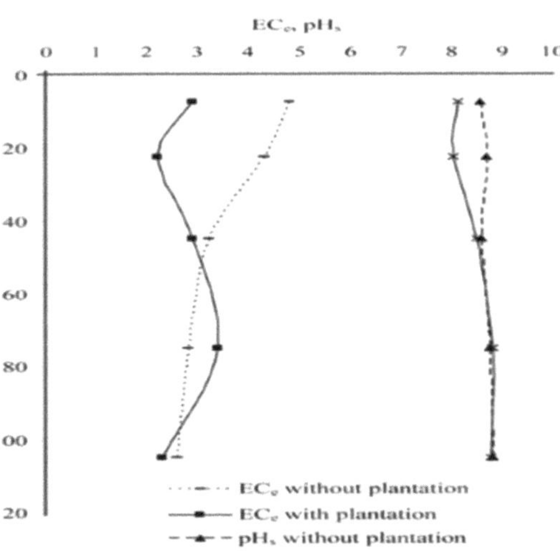

Ram et al. (2011) referiram que os terrenos com plantação reduziram a CE e o pH do solo em comparação com os terrenos sem plantação.

Tabela 17 : Alterações no pH do solo, CE, carbono orgânico, fosfato, amónio e nitrato em diferentes espécies

Espécies	Profundidade	pH	CE (dS/m)	% Carbono orgânico	- PO4 (ppm)	NH4 - N (ppm)	NO3 - N (ppm)
Eucalipto rudis	0-25	8.26	2.20	0.33	13.57	21.32	12.32
	25-50	9.08	1.75	0.14	10.06	19.52	11.28
Eucalipto camaldulensis	0-25	8.69	1.30	0.23	10.55	16.53	9.55
	25-50	8.77	1.12	0.10	6.90	10.16	6.90
Eucalipto fastigata	0-25	8.50	1.30	0.19	21.12	15.24	7.73
	25-50	8.61	0.31	0.09	12.26	9.40	5.60
Corymbia tesselaris	0-25	8.83	1.05	0.15	22.65	18.84	8.69
	25-50	8.86	0.71	0.07	16.51	10.64	7.58
Valores iniciais	0-25	8.4	2.25	0.37	-	-	-
	25-50	8.9	0.75	0.06	-	-	-

Bala et al. (2014) estudaram o impacto de diferentes espécies de árvores nas propriedades do solo e revelaram que o pH do solo era mais baixo, o carbono orgânico do solo mais elevado, a CE e o NO3 e NH4-N foram registados na camada superior do solo de 0 a 25 cm na plantação de E. rudis, enquanto o PO4-P era elevado em E. fastigata e C. tessellaris em comparação com outras espécies.

Tabela 18 : Propriedades do solo afectadas pelo espaçamento da plantação de eucaliptos

Espaçamento entre árvores	Profundidade do solo	pH	CE (dS/m)	OC (%)	BD (g/cm^3)
Controlo	0-15	8.4	6.4	0.38	1.49
	15-30	8.8	5.5	0.25	1.54
1m×1m	0-15	8.2	4.8	0.45	1.41
	15-30	8.7	3.5	0.38	1.44
1m×2m	0-15	8.3	5.5	0.42	1.38
	15-30	8.8	4.1	0.38	1.46
1m×3m	0-15	8.5	5.8	0.39	1.39
	15-30	8.7	5.0	0.32	1.44
Bloco (2m×4m)	0-15	8.1	4.5	0.58	1.32
	15-30	8.4	4.0	0.46	1.35
LSD (0,05)		0.2	0.4	0.1	0.1
Valores iniciais	0-15	8.5	8.0	0.30	1.49
	15-30	9.0	9.0	0.20	1.55

Dagar et al. (2016) estudaram o impacto de diferentes espaçamentos da plantação de eucaliptos em faixas e revelaram que a plantação de eucaliptos em blocos registou um pH do solo mais baixo, uma densidade aparente mais baixa e um melhor estado do carbono orgânico do solo em relação ao controlo e a outros espaçamentos.

Quadro 19: Propriedades importantes do solo (camada 0-15 cm) sob diferentes espécies de vegetação

Dossel das árvores	CE (1:2)	CEC (c mol/kg)	OC (g/kg)	Disponível N (kg/ha)	Disponível P (kg/ha)	Disponível K (kg/ha)
Eucalipto	0.37	15.3	6.22	214.6	21.3	140.7
Casuarina	0.46	16.4	6.24	220.1	22.6	148.4
Dalbergia	0.60	19.5	7.19	241.3	22.8	167.2
Banana	0.46	16.9	7.12	190.7	19.8	149.8
Bambu	0.46	17.1	6.32	197.9	20.7	155.4
Acácia	0.48	17.8	6.67	221.2	22.4	166.2
Controlo	0.41	15.8	5.94	182.4	18.3	135.6

Banik et al. (2018) observaram que os parâmetros do solo, como a condutividade eléctrica do solo e a capacidade de troca catiónica, eram comparativamente mais baixos na plantação de eucaliptos e que o carbono orgânico do solo, o azoto disponível, o fósforo disponível e o potássio disponível eram mais elevados na plantação de Dalbergia.

Quadro 20 : Alteração das propriedades do solo com o cultivo de diferentes gramíneas forrageiras

Espécies de gramíneas	Profundidade do solo (cm)	CE (dS/m)			pH		
		BP	AFH	% de redução	BP	AFH	% de redução
Cinchrus ciliaris	0-30	16.06	4.73	70.55	7.8	7.6	2.6
	30-60	14.32	4.56	68.16	7.7	7.6	1.3
Panicum antidotário	0-30	12.06	4.05	66.42	7.6	7.5	1.3
	30-60	8.82	3.68	58.28	7.6	7.5	1.3
Sorgo sudanês	0-30	9.81	4.65	52.60	7.8	7.6	2.6
	30-60	7.67	3.47	54.76	7.8	7.6	2.6
Cloris gayana	0-30	18.06	4.55	74.81	8.1	7.7	4.9
	30-60	17.82	3.63	79.63	7.9	7.7	2.5

Ashenafi et al. (2019) notificaram que há uma melhoria notável nos indicadores de qualidade do solo como CE, pH, após o plantio com Chloris gayana em comparação com os valores iniciais registados antes do plantio.

IMPACTO DA BIO-DRENAGEM NA PRODUÇÃO DE BIOMASSA DA ÁRVORE COMPONENTE

Quadro 21: Biomassa fresca dos rebentos de 22 árvores (5 anos e 4 meses de idade) de Eucalyptus tereticornis

Classe de perímetro (cm)	Árvore não.	Perímetro (cm)	Altura (m)	Biomassa (kg)			
				Madeira	Combustível madeira	Folhas	Total
30-39	1	32	12.5	76.5	2.5	3.5	82.5
	2	34	14.8	78.3	5.0	6.0	89.3
	3	35	11.4	76.5	2.5	5.0	84.0
	4	36	14.9	85.0	5.0	7.5	97.5
	5	38	12.5	92.5	2.5	7.0	102.0
	6	39	15.0	88.5	4.0	9.0	101.5
40-49	1	42	13.3	123.0	7.0	4.0	134.0
	2	44	16.1	143.5	4.0	7.0	154.5
	3	47	15.0	142.0	4.3	6.4	152.7
	4	48	18.9	145.2	5.0	6.5	156.7
	5	49	18.0	146.0	4.6	6.1	156.7
50-59	1	50	18.6	148.1	4.5	6.3	158.9
	2	51	16.8	150.5	4.8	6.7	162.0
	3	52	20.0	151.4	5.0	6.4	162.8
	4	53	18.0	152.0	5.1	6.3	163.4
	5	54	18.6	152.5	4.5	7.5	164.5
	6	55	18.0	153.1	4.8	6.5	164.4
	7	57	18.6	155.7	4.9	6.5	167.1
	8	58	19.5	157.2	5.0	7.0	169.2
Acima de 60	1	60	18.6	158.3	5.4	6.9	170.6
	2	62	20.4	159.7	5.7	6.3	171.7
	3	63	21.0	160.2	5.8	6.4	172.4
Total	22	1059	370.4	2895.7	101.9	140.8	3138.4
Média		48.14	16.8	131.6	4.6	6.4	142.7

Ram et al. (2011) relataram que uma árvore de 5 anos e 4 meses de idade de Eucalyptus tereticornis com 63 cm de perímetro e 21 m de altura gerou um total de 172,4 kg de biomassa de rebentos. O Eucalyptus tereticornis produziu maior biomassa fresca e seca.

Quadro 22 : Biomassa de E. tereticornis com quatro anos e meio

Componente de árvore	Biomassa fresca		Biomassa seca	
	kg/árvore	t/ha	kg/árvore	t/ha
Madeira	131.6	31.6	92.1	22.1
Lenha	4.6	1.1	3.3	0.8
Galhos e folhas	6.4	1.5	4.5	1.1
Raízes	51.4	12.3	37.0	8.9
Total geral	194.1	46.5	136.9	32.9

Ram et al. (2011) relataram que uma árvore de 5 anos e 4 meses de idade de Eucalyptus tereticornis com 63 cm de perímetro e 21 m de altura gerou um total de 172,4 kg de biomassa de rebentos. O Eucalyptus tereticornis produziu maior biomassa fresca e seca.

Quadro 23: Biomassa de plantas com quatro anos e meio de idade no IGNP

Espécies	Biomassa (kg/planta)			
	Folha + Ramos	Caule	Raiz	Total
Eucalipto rudis	76.7	62.4	57.2	196.3
Eucalipto camaldulensis	62.0	58.7	45.6	166.3
Eucalipto fastigata	59.6	42.5	38.6	140.7
Corymbia tesselaris	34.9	29.2	18.3	82.4

Bala et al. (2014) concluíram que o Eucalyptus rudis produziu mais folhas, caule, raízes e biomassa total (196,3 kg/parcela) em comparação com outras espécies de árvores.

Impacto da bio-drenagem no rendimento da cultura componente

Tabela 24: Rendimento do arroz influenciado pela plantação de Casuarina e Eucalipto

Ano	Rendimento do arroz (t/ha)	
	Casuarina	Eucalipto
2005-06	1.73	3.51
2006-07	2.20	3.37
2007-08	1.50	2.25
2008-09	1.60	2.12

Chaudhari et al. (2011) estudaram que o rendimento do arroz estava a diminuir ao longo dos anos na área não plantada, mas era mais elevado com a plantação de eucaliptos do que com a plantação de casuarina.

Figura 6: Rendimento do trigo obtido com e sem plantação de eucaliptos

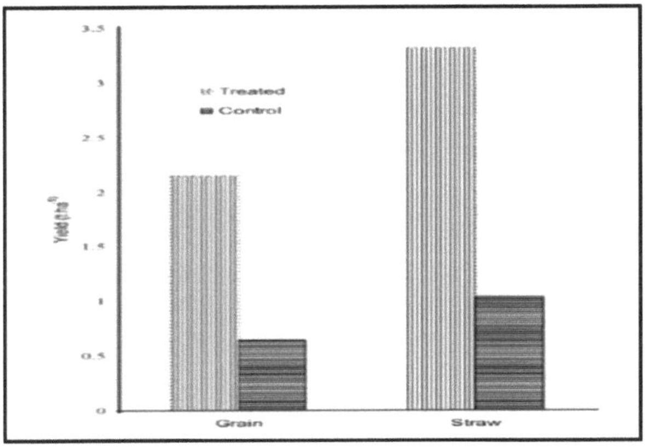

Ram et al. (2011) relataram que o rendimento global de grãos e palha de trigo na parcela de pesquisa de Puthi foi de 2,2 t/ha (3,4 vezes) e 3,35 t/ha (3,3 vezes), respetivamente, com plantação de eucalipto, em comparação com 0,6 t/ha de grãos e 1,0 t/ha de rendimento de palha em campos adjacentes sem plantação de eucalipto.

Quadro 25: Impacto da plantação de eucaliptos em faixas, em diferentes espaçamentos, no rendimento médio dos grãos de trigo e de arroz

Distância de linha das árvores (m)	Rendimento de grãos de trigo (t/ha)				Rendimento de grãos de arroz (t/ha)			
	1m×1m	1m×2m	1m×3m	Controlo	1m×1m	1m×2m	1m×3m	Controlo
0-5	2.7	2.8	3.0	2.3	3.3	3.6	3.7	3.6
5-10	3.1	3.3	3.3	2.0	3.9	4.0	4.2	3.1
10-15	3.7	3.5	3.4	1.8	4.4	4.4	4.4	3.4
15-20	3.8	3.6	3.5	1.8	4.4	4.6	4.6	3.3
20-25	3.6	3.6	3.3	2.0	4.2	4.4	4.5	3.2
Em geral	3.4	3.4	3.2	2.0	4.1	4.2	4.3	3.3
LSD ($p \leq 0.05$)	Distância(D)=0,3;Espaçamento(s)=NS; D×S=NS				Distância(D)=0,3;Espaçamento(s)=NS; D×S=NS			

Dagar et al. (2016) relataram que os rendimentos de grãos de trigo e arroz foram muito reduzidos quando o espaçamento estava mais próximo das espécies de árvores. No entanto, os rendimentos foram maiores nas culturas plantadas em faixas em comparação com o controlo.

Quadro 26 : Carbono sequestrado por E. tereticornis de 5 anos e 4 meses

Componente de árvore	Carbono (%)	Carbono sequestrado/ha
Madeira	47.0	10.4
Lenha	43.5	0.3
Galhos e folhas	43.9	0.5
Raízes	48.0	4.3
Total geral		15.15

Ram et al. (2011) relataram que uma árvore de Eucalyptus tereticornis com 5 anos e 4 meses de idade sequestrou 15,5 t/ha de carbono.

Figura 7: Carbono sequestrado por diferentes componentes de árvores de eucalipto com seis anos de idade

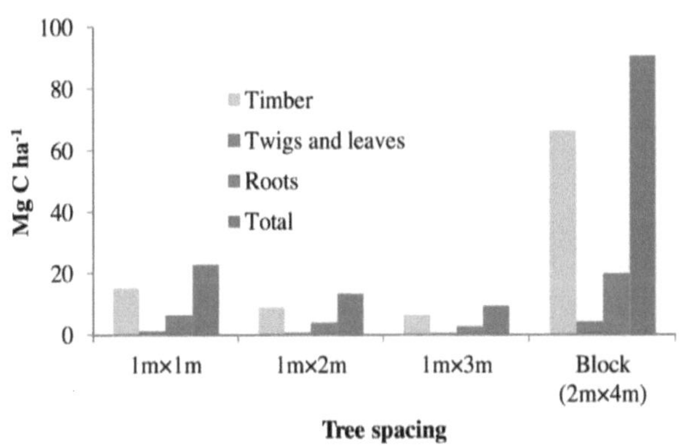

Dagar et al. (2016) estudaram que a madeira sequestrou mais carbono entre os diferentes componentes de eucaliptos com seis anos de idade.

IMPACTO DA BIO-DRENAGEM NA ECONOMIA

Tabela 27 : Aspeto custo-benefício da venda de biomassa de rebentos de plantações de eucalipto

Custo/ha (Rs)		Benefício/ha (Rs)	
Plantação	10000	Vendido à taxa	300/árvore
Manutenção	2000	Ganhos dos agricultores	72000
Com juros de 12%		Rácio benefício-custo 3,5	

Rácio B : C da cultura agrícola em Haryana 1.3

Ram et al. (2011) concluíram que a venda de biomassa de rebentos de eucalipto resultou num rácio B:C mais elevado de 3,5, que foi superior ao rácio B:C das culturas agrícolas de 1,3 no caso de Haryana.

Quadro 28 : Rácio custo-benefício das principais culturas antes e depois da drenagem

Cultura	Rácio benefício-custo		Aumento em %
	Após a drenagem	Antes da drenagem	
Arroz	1.42	0.92	54.3
Trigo	1.26	0.85	32.7
Algodão	1.13	0.82	37.6
Mostarda	1.22	0.87	40.3

Kamra et al. (2019) observaram que a cultura do arroz tem o maior aumento na relação B:C após a drenagem em comparação com antes da drenagem com outras culturas.

RESUMO

- A plantação de Eucalyptus tereticornis pode controlar as subidas do nível freático até 1,95, 3,48, 3,76 e 3,84 m no primeiro, segundo, terceiro e quarto ano, respetivamente
- A plantação de bambu pode controlar a subida do lençol freático até 1,09, 1,86, 2,46 e 2,96 m no primeiro, segundo, terceiro e quarto ano de crescimento, respetivamente
- A plantação de Eucalyptus rudis fez recuar o nível do lençol freático em 145 cm
- As plantações em faixas de Eucalyptus spp. sequestraram 15,5 t/ha de carbono
- A plantação de espécies arbóreas de bio-drenagem aumenta o rendimento do arroz até 1,7 vezes e o do trigo 1,3 vezes mais do que no campo adjacente
- A biomassa da plantação proporciona rendimentos adicionais aos agricultores através do fornecimento de madeira, lenha, etc.

CONCLUSÃO

A partir da discussão anterior, pode concluir-se que entre as diferentes espécies de árvores como a Casuarina, a Dalbergia, o Bambu, a Teca. O eucalipto é a melhor espécie para controlar o lençol freático e a salinidade do solo. A adoção de culturas de bio-drenagem também melhora as propriedades do solo. As plantações em faixas de Eucalyptus spp. podem sequestrar uma maior quantidade de carbono. A plantação de espécies arbóreas de bio-drenagem aumenta o rendimento das culturas. A biomassa proveniente da plantação proporciona rendimentos adicionais aos agricultores através do fornecimento de madeira, lenha, etc.

FUTURO

- Necessidade de selecionar os novos clones de eucalipto adequados para solos com elevado teor de sais
- Necessidade de desenvolver espécies florestais alternativas de crescimento semelhante e de adoção em zonas alagadas

- Necessidade de formular novas políticas governamentais que incentivem os agricultores a cultivar espécies arbóreas de drenagem biológica ao longo das margens dos canais e dos campos em zonas alagadas

REFERÊNCIAS

Anónimo (2008a). Boletim técnico: CSSRI/Karnal/9/2008.

Anónimo (2008b). Organização das Nações Unidas para a Alimentação e a Agricultura, Serviço de Gestão da Terra e da Nutrição Vegetal. Disponível em linha em: http://www.fao.org/ag/agl/agll/spush

Anónimo (2010). Degraded and Wastelands of India Status and Spatial Distribution [Terras Degradadas e Desertas da Índia: Situação e Distribuição Espacial]. Direção de Informação e Publicações da Agricultura, ICAR, Nova Deli 110 012.

Anónimo (2015) Central Board of Irrigation and Power. Information bulletin for Workshop on Waterlogging and Soil Salinity in Irrigated Agriculture organized at Chandigarh during 3- 4 September. http://www.cbip.org.

Ashenafi, W., Nekir, B., Mamo, L. & Bekele, T. (2019). Jornal de Ciência do Solo e Gestão Ambiental, **10**(7): 94-102.

Bala, N., Singh, G., Bohra, N. K., Limba, N. K. & Baloch, S. R. (2014). Indian Forester, **140** (5): 462-467.

Banik, M., Sarkar, A., Ghatak, P., Ray, R. & Patra, S. K. (2018). Jornal Internacional de Microbiologia Atual e Ciências Aplicadas, **7**(2): 2319-7706.

Calder, I. R., Rosier, P. T. W., Prasanna, K. T. & Parameswarappa, S. (1997). Hydrology and Earth System Sciences Discussions (ISSN: 1812-2108).

Chaudhari, S.K., Dagar, J.C., Singh, G.B. & Sharma, D.K. (2011). Seminário nacional sobre a gestão de solos e águas afectados pelo sal. Lucknow. pp. 114.

Chhabra, R. & Thakur, N. P. (1998). Irrigation and Drainage Systems, **12**: 265-288.

Dagar, J. C., Khajanchi, L., Ram, J., Mukesh, K., Chaudhari, K., Yadav, R. K. & Ahmabad, S. (2016). Agricultura, Ecossistemas e Ambiente, **22**: 33-42.

Kamra, S.K., Kumar, S., Kumar, N. & Dagar, J. C. (2019). Desenvolvimentos de pesquisa em agricultura salina. Springer, Singapore. https://doi.org/10.1007/978-981-13-5832-6-18.

Ram, J., Dagar, J. C., Lal, K. Singh, G., Toky, O. P. & Chauhan, M. K. (2011). Current Science,

100 (11): 93-101.

Ram, J., Garg, V. K., Toky, O.P., Minhas, P.S., Tomar, O.S., Dagar, J.C e Kamra, S.K. (2008).

Agroforestry Systems **69**: 147-165.

Rani, C., Toky, O. P., Datta, K. S., Kumar, M., Arora, V., Madaan, S. & Sharma, P. K. (2010).

Indian Journal of Plant Physiology, **15**(1): 44-53.

Sarkar, A., Banik, M., Ray, R. & Patra, S. K. (2018). Jornal Indiano de Biociências Puras e Aplicadas, **6**(1): 12251233.
Setter, T. L. & Waters, I. (2003). Solo vegetal, **253**: 1-34. Shabala, S. (2011). New Phytol, **190**: 289-298.
Toky, O. P., Angrish, R., Datta, K. S., Arora, V., Rani, C., Vasudevan, P. & Harris, P. J. C. (2011).

Journal of Scientific & Industrial Research, **70**: 639-644.

Tomar, O. S. (2007). Curso de formação a nível nacional "Land Drainage for Reclamation of Waterlogged Saline Lands", p. 213-221.

MIX
Papier aus verantwortungsvollen Quellen
Paper from responsible sources
FSC® C105338

FSC
www.fsc.org

Printed by Books on Demand GmbH, Norderstedt / Germany